高等学校教材

模拟电子技术实验教程

（第2版）

主编　王维斌

编者　王维斌　豆明瑛　党海燕

焦　库　王庭良

西北工业大学出版社

西　安

【内容简介】 本书是集模拟电子技术基础知识、实验、设计、实习指导于一体的高等教育实践教材。

全书共分三部分。第一部分介绍常用的模拟电子元器件、常用模拟电子实验设备与仪器以及电子测量的基础知识;第二部分安排了 19 个基础性实验;第三部分介绍了课程设计的一般方法,并安排了 7 个设计实验。本书所涉及的实验,既有测试验证型实验,又有设计应用型实验。应用本书教学,能够很好地锻炼学生的动手实践能力,充分激发学生的创造性思维,满足当前高校对实践性教育教学的新要求。

本书可作为高等学校电类专业模拟电子技术实验课程教材,也可作为非电类专业的电子技术自学教材,同时,也可作为有关教师与科研人员的参考资料。

图书在版编目(CIP)数据

模拟电子技术实验教程 / 王维斌,主编 . — 2 版. — 西安 : 西北工业大学出版社,2023.8
ISBN 978 - 7 - 5612 - 8873 - 3

Ⅰ.①模… Ⅱ.①王… Ⅲ.①模拟电路-电子技术-实验-高等学校-教材 Ⅳ.①TN710 - 33

中国国家版本馆 CIP 数据核字(2023)第 148575 号

MONI DIANZI JISHU SHIYAN JIAOCHENG
模 拟 电 子 技 术 实 验 教 程
王维斌 主编

责任编辑:梁 卫	策划编辑:梁 卫	
责任校对:张 潼	装帧设计:李 飞	

出版发行:西北工业大学出版社
通信地址:西安市友谊西路 127 号　　邮编:710072
电　　话:(029)88491757,88493844
网　　址:www.nwpup.com
印 刷 者:西安浩轩印务有限公司
开　　本:787 mm×1 092 mm　　1/16
印　　张:16.75
字　　数:418 千字
版　　次:2012 年 7 月第 1 版　2023 年 8 月第 2 版　2023 年 8 月第 1 次印刷
书　　号:ISBN 978 - 7 - 5612 - 8873 - 3
定　　价:56.00 元(含报告书)

第 2 版前言

《模拟电子技术实验教程》第一版出版至今已有 9 年,作为高等学校"十二五"规划教材,曾荣获陕西省普通高等学校优秀教材二等奖,被许多学校采用作为实验课程教材,深受广大师生读者的喜爱,同时也收到许多宝贵的反馈意见。为了更好地适应当前的电子技术课程的发展和教学要求,笔者在第一版的基础上,本着"打好基础,精选内容"的原则以及"由简到难,由分到总"的思路,对过时的实验内容、实验方法以及仪器设备等进行了更新修订。修订后的教材具有以下特点:

(1)根据模拟电子技术的知识结构和特点,第二版延续第一版的体系,遵循相关基础知识—基础实验—综合实验"三步走"的结构安排,在深度上层层递进,便于读者理解和接受。

(2)采用图文并茂的方式,详细介绍了常用的电子元器件、设备与仪器以及电子测量的基础知识,使读者能够直观地掌握相关设备和元器件的使用方法。

(3)本书所涉及的实验类型多样,包括模拟电子技术常用的 19 个基础性实验和 7 个开放式设计实验。系统学习本书实验内容,不仅有助于读者夯实模拟电子技术理论的基础,同时能提高其动手实践能力和解决问题的能力,也能充分激发读者的创造性思维。

本书由王维斌主编,负责全书的统稿与定稿。其中第一部分由豆明瑛、焦库编写,第二部分由王维斌编写,第三部分由党海燕、王庭良编写。

本书在修订过程中得到了西安明德理工学院电子与通信实验教学中心教师的支持和帮助,在此深表谢意。同时感谢所有关心和使用本书的读者对本书的认可与厚爱。

本书可作为高校电子信息类专业模拟电子技术实验课程教材,也可作为非电类专业的电子技术自学教材,同时也可供有关教师与科研人员参考阅读。

由于笔者水平有限,书中难免有不妥之处,恳请各位读者批评指正。

编 者

2023 年 3 月

前　　言

　　"模拟电子技术实验"课是以"模拟电子技术基础"课为基础的课程,其目的是培养学生理论联系实际能力、动手实践能力和创新性思维能力,以使学生掌握有关电子技术测量的基本技能与知识,激发学生对电子技术的学习兴趣等。作为模拟电子技术实验课程的指导性教材,《模拟电子技术实验教程》以内容编写的合理性、科学性、新颖性等为主要目标,将在一定程度上影响实验课的教学效果。

　　本书是笔者在对有关专业人才培养方案和教学内容体系进行充分调研和论证的基础上,以及在充分总结多年实践教学经验与教学成果的基础上编写而成的。内容立足于突出实用性和创新性,可选性强,实验内容的编排从传统的验证性实验为主改为设计性、应用性的实验为主,并特别选编了一些电路设计新颖、实用性强的综合性实验,旨在培养学生的实践能力、综合应用能力、创新性思维能力,以适应时代对综合性高素质人才的新需要。

　　本书分为三部分。第一部分为模拟电子技术实验基础知识,介绍了模拟电子技术实验必备的基础知识及技能。第二部分为基础实验(验证、应用性模拟电路实验),安排了 19 个常用实验内容。第三部分为课程设计(综合、设计性模拟电路实验),介绍了课程设计的一般方法并精选了 7 个设计实验内容。

　　限于水平,书中疏漏和不妥之处,敬请专家和读者批评指正。

编著者

2012 年 3 月

目　　录

第一部分　基础知识

第二部分 基础实验

第三部分 课 程 设 计

第一部分

基础知识

　　本部分主要介绍操作实验的一般程序,测量误差概念及测量数据的一般处理方法,常用电子仪器的基本原理、技术指标、使用方法及电信号主要参数的测试方法,有关实验的必备知识与技能。掌握上述知识与技能,有助于提高实验效果和动手能力。

第一章 实 验 须 知

"模拟电子技术"是电子类专业重要的专业基础课,其主要特点是理论性和实践性都很强。学生在学好理论知识的同时,必须经过各实践环节的严格训练,才有可能进一步巩固和加深理论知识,提高运用理论知识分析、解决实际问题的能力。实验是电子电路课程中重要的实践性环节。

充分的实验准备工作、正确的实验操作方法和规范的实验报告的撰写,是工科学生应掌握的基本技能。实验测量数据必然存在误差,且误差的产生有多种因素,学生应了解误差产生的主要原因,并掌握减小误差的一般方法。实验数据是分析实验结果、反映实验效果的主要依据,学生应掌握读取、记录和处理实验数据的一般方法。

第一节 概 述

一、实验的意义、目的与要求

(一)实验意义

电子电路实验就是根据教学、生产和科研的具体要求,设计、安装与调试电子电路的过程,是将技术理论转化为实用电路或产品的过程。

在上述过程中,既能验证理论的正确性和实用性,又能从中发现理论的近似性和局限性。随着认识的进一步深化,往往可以发现新问题,产生新的设想,促使电子电路理论和应用技术进一步向前发展。

随着电子技术的迅猛发展,新器件、新电路相继诞生并不断转化为生产力。要认识和应用门类繁多的新器件和新电路,最为有效的途径就是进行实验。通过实验,可以分析器件和电路的工作原理,完成性能指标的检测;可以验证和扩展器件、电路的性能或功能,扩大使用范围;可以设计并制作出各种实用电路设备。总之,不进行实验,就不可能设计、制造出合格的电子设备。熟练掌握电子电路实验技术,对从事电子技术的人员是至关重要的。

(二)实验目的

就教学而言,电子电路实验是培养电气、电子类专业应用型人才的基本内容和重要手段。因此,"应用"是它直接、唯一的目的。具体地讲,通过它可以巩固和深化应用技术的基础理论和基本概念,并付诸于实践。在这一过程中,培养理论联系实际的学风、严谨求实的科学态度和基本的工程素质(其中应特别注重动手能力的培养),以适应实际工作的需要。

(三)实验要求

(1)能读懂基本电子电路图,具有分析电路作用或功能的能力。

(2)具有设计、组装和调试基本电子电路的能力。

(3)会查阅和利用技术资料,具有合理选用元器件(含中规模集成电路)并构成小系统电路的能力。

(4)具有分析和排除基本电子电路一般故障的能力。

(5)掌握常用电子测量仪器的选择和使用方法及各类电路性能和功能的基本测试方法。

(6)能够独立拟定基本电路的实验步骤,写出理论严谨、文字通顺和字迹工整的实验报告。

二、电子电路实验的类别和特点

按照实验电路传输信号的性质,电子电路实验可分为模拟电路实验和数字电路实验两大类。每大类又可按实验目的与要求分成 3 种。

(1)验证性和探索性实验。其目的是验证电子电路的基本原理,或通过实验探索提高电路性能(或扩展功能)的途径或措施。

(2)检验性实验。其目的是检测器件或电路的性能指标和功能,为分析和应用提供必要的技术数据。

(3)设计性或综合性实验。其目的是综合应用有关知识,设计、安装与调试自成系统的实用电子电路。

电子电路实验具有 3 个特点。第一,理论性强。主要表现在:没有正确的理论指导,就不可能设计出性能稳定、符合技术要求的实验电路,不可能拟定出正确的实验方法和步骤,实验中一旦发生故障,就会陷入束手无策的境地。因此,要做好实验,首先应学好相应的理论课程。第二,工艺性强。主要表现在:即使有了成熟的实验电路方案,但若装配工艺不合理,一般也不会取得满意的实验结果,甚至失败(高频电路实验尤为如此)。因此,需要认真掌握电子工艺技术。第三,测试技术要求高。主要表现在:实验电路类型多,不同的电路有不同的功能或性能指标,不同的性能指标采用不同的测试方法、不同的测试仪器等。因此,应熟练掌握基本电子测量技术和各种测量仪器的使用方法。

可见,要做好电子电路实验,需要具备本专业多方面的理论知识和实践技能,否则,实验效果将受到不同程度的影响。

三、实验安全操作知识

实验安全包括人身安全和设备安全。实验时的注意事项如下。

(一)人身安全

(1)在操作实验时不得赤脚,实验室地面应有绝缘良好的地板(或胶垫),各种仪器设备应有良好的地线。

(2)仪器设备、实验装置通过强电连接的导线应有良好的绝缘外套,芯线不得外露。

(3)实验电路接好后,检查无误方可接通电源;应养成先接实验电路后接通电源,实验完毕先断开电源后拆实验电路的操作习惯。另外,在接通 220 V 交流电源前,应通知实验合作者。

(4)在进行强电或具有一定危险性的实验时,应有两人以上合作;测量高电压时,通常采用单手操作并站在绝缘垫上。

(5)如发生触电事故,应迅速切断电源。如果距电源开关较远,可用绝缘器具将电源先切断,使触电者立即脱离电源并采取必要的急救措施。

(二)仪器安全

(1)使用仪器前,应认真阅读使用说明书,掌握仪器的使用方法和注意事项。

(2)使用仪器时,应按要求正确地连接导线。

(3)实验中要有目的地扳(旋)动仪器面板上的开关(或旋钮),扳(旋)动时切忌用力过猛。

(4)测量电压(电流)时,要分清被测电压(电流)是直流还是交流,并预估电压(电流)值是否在测量仪器、仪表的测量范围内。对直流电压应注意分清正、负极性。

(5)实验过程中,精神必须集中。当嗅到焦臭味、见到冒烟和火花、听到噼啪声、感到设备过烫及出现保险丝熔断等异常现象时,应立即切断电源,在故障未排除前禁止再次开机。

(6)搬动仪器设备时,必须轻拿轻放;未经允许不准随意调换仪器,更不准擅自拆卸仪器设备。

(7)仪器使用完毕后,应将面板上各旋钮、开关置于合适的位置,如电压表量程开关应旋至最高挡位等。

第二节 实 验 程 序

实验一般分为 3 个阶段,即实验准备、实验操作和撰写实验报告等阶段。

一、实验准备

实验能否顺利进行并取得预期效果,在很大程度上取决于实验前的准备是否充分。

(1)实验前,应对实验内容进行预习,写出实验预习报告。具体要求如下:

1)认真阅读实验有关内容和其他参考资料。

2)根据实验目的与要求,设计或选用实验电路和测试电路。电路设计要求简洁,步骤清晰,计算正确,电路原理图规范,图形符号和元器件标注符合国际标准。

3)对于设计性实验,应合理选用仪器和元器件,列出实验所需元器件、仪器设备和器材清单,提前交给实验室。

4)拟定出详细的实验步骤,包括实验电路的调试步骤与测试方法等,设计好实验数据记录表格。

（2）实验时，应核查元器件型号、规格和数量，并对元器件进行必要的测量；检查并校准电子仪器状态，若发现故障应及时报告指导教师。

（3）预习报告的格式，可参照下例（共射极单管放大器实验）格式书写。

实验题目：共射极单管放大器实验（电路原理图见图 2-2）。

实验要求：调整放大器的静态工作点为 $U_{CEQ} = 6$ V；

测试电压放大倍数 A_U、输入电阻 R_i、输出电阻 R_o 和幅频特性；

自拟实验步骤和测试电路。

已知条件：电源电压 $U_{CC} = +12$ V；

三极管型号为 3DG6D，其电流放大系数为 β；

电阻器和电容器参数值如电路图 2-2 所示。

1.电路的性能指标计算

通过计算电路的性能指标，可避免实验的盲目性和差错。当发现测量值与计算值相差较大时，能够及时发现问题、分析问题并设法排除故障。

根据给定电路和电路工作条件，对电路的性能指标作以下计算。

（1）电压放大倍数 A_U 的计算。根据下式计算出 A_U：

$$A_U = \frac{\beta R_L}{r_{BE}}$$

根据计算所得的电压放大倍数和静态工作点电压值，可估算出放大电路的最大不失真输入电压值。本例中，由于 $U_{CEQ} = 6$ V，最大不失真输出电压为 $U_{omax} = U_{CC} - U_{CEQ} = 6$ V，则最大不失真输入电压 $U_{imax} = U_{omax}/A_U$。实验时，电路的输入信号幅度应小于该值。

（2）输入电阻 R_i 的计算。根据下式计算出 R_i：

$$R_i = (R_{B1}//R_{B2})//r_{BE}$$

（3）输出电阻 R_o 的计算。

$$R_o = R_c$$

（4）下限截止频率 f_L 和上限截止频率 f_H 的计算。电路的下限截止频率 f_L 由输入回路（高通电路）元器件基极电容 C_1、射极电容 C_3 以及三极管 B、E 极电阻 r_{BE} 决定。因为射极电容 C_3 足够大，可忽略其影响，所以，当 U_i 保持恒定时（信号源内阻 R_S 忽略不计），其时间常数为

$$\tau_L = r_{BE} C_1$$

故下限截止频率为

$$f_L = \frac{1}{2\pi\tau_L}$$

（5）电路的上限截止频率 f_H 由晶体管的混合参数和负载 R_L 决定。因 f_H 计算复杂，故从略，通过实测得到 f_H 值即可。

该实验晶体管由于采用高频三极管，其特征频率 f_T 很高，若使用低频信号发生器，则无法测出其 f_H 值。

2.选择测试仪器、拟定实验步骤和测试电路

（1）根据实验室条件确定实验仪器。

（2）拟定测试步骤及测试电路。

静态调试：首先将被测电路输入端接地，用万用表直流电压挡监测射极电阻 R_E 对地电压。调整电位器 W，使 $U_E = 1\ V, I_{CQ} = I_{EQ} = U_E/R_E = 1\ V/1\ k\Omega = 1\ mA$，然后再测量 U_{CEQ} 值，看其是否接近预定值。

动态参数测试：电压放大倍数 A_U，输入电阻 R_i 和输出电胆 R_o，以及幅频特性的测试方法和测试电路，可按本书第二部分实验二的内容拟定。

二、实验操作

正确的操作方法和操作程序是提高实验可靠性和实验效果的保障，因此，要求在每一操作步骤之前都要做到心中有数，即目的明确。操作时，既要迅速又要认真。注意事项如下：

（1）在直流稳压电源空载情况下调整好电压，断电后按极性要求接入实验电路。

（2）在信号源空载情况下调整好电压，使其满足实验要求。

（3）先接通直流电源，再接通信号源电源。

（4）实验中要眼观全局，先看现象，例如，仪表有无超量程和其他不正常现象，然后再进行实验。

（5）在插接电路时，要求接触良好、电路布局合理，且调试时便于操作，同时应避免元器件引脚相碰所造成的短路。

（6）不得带电插拔器件。

（7）任何电路均应先进行静态调试，再进行动态测试。测试时，手不得接触测试表笔或探头的金属部分。

三、实验报告的撰写

（一）实验报告的撰写目的

实验报告是按照一定的格式和要求，表达实验过程和实验结果的综合材料，是对实验工作的全面总结和系统概括。实验报告的写作过程就是对电路设计方法和实验方法加以描述、对实验数据加以处理、对所观察的现象加以分析并从中找出客观规律和内在联系的过程。撰写实验报告是工科学生的一种基本技能训练。通过撰写实验报告，可深化对基础理论的认识，提高应用能力；掌握电子测量的基本方法和电子仪器的使用方法；提高记录、处理实验数据和分析、判断实验结果的能力，继而增强创新能力和创新意识；培养严谨的学风和实事求是的科学态度；还可以锻炼科技文章写作能力等。实验报告也是成绩考核的重要依据之一。

（二）实验报告的内容与结构

实验报告因实验的性质和内容不同，其结构并非是千篇一律的。电子电路实验报告一般由以下几部分构成。

1.实验名称

每篇报告均应有其名称（或称标题），应列在报告最前面，使人一看便知该报告的性质和内容。

实验名称应写得简练、准确,即字数尽量少,令人一目了然,并能恰当反映实验的性质和内容等。

2.实验目的

说明为什么进行本次实验。实验目的要写得简明扼要,一般情况下,需写出以下 3 个层次的内容:通过本次实验要掌握什么、熟悉什么和了解什么。例如,对于"单级晶体管放大电路的设计与调测"实验,其实验目的应这样写:

(1) 掌握基本放大器的设计、调整与测试方法。

(2) 熟悉测试仪器的性能和使用方法。

(3) 了解装配工艺知识和排除一般故障的方法。

有时为了突出主要目的,次要内容可以不写。

3.测试电路及实验仪器

测试电路除了能够表明被测电路与测试仪器的连接关系以外,还能反映出所采用的测试方法和测试仪器。测试方法反映测量准确度,而列出实验仪器的名称和型号,则便于了解实验仪器的性能和评价实验结果的可信度。

4.电路设计

按要求写入已知条件和设计要求。例如,设计一个单管共射放大器,要求电压放大倍数 $A_U > 50$。

已知:输入信号电压 $U_i \geqslant 10$ mV;

　　　负载电阻 $R_L = 5.1$ kΩ;

　　　晶体管型号为 3DG6D;

　　　电流放大系数 $\beta = 40$。

画出所设计的电路图,注明各元器件参数,设计步骤可采用附录的形式。例如,设计步骤附报告之后。

5.调试步骤

写出调试方法、步骤和内容等。

6.预测量与设计方案修正

记录不符合设计要求和对设计方案作了修正的内容(即电路元器件参数有哪些变动)。此项内容可与"调试步骤"结合进行。

7.数据记录

实验数据是在实验过程中从仪器、仪表上所读取的数值,称为"原始数据"。要根据仪表的量程和精密度等级确定实验数据的有效数字位数,一般是先记录在预习报告或实验笔记本上,然后加以整理,写入设计的表格中。所设计的表格要能反映数据的变化规律及各参量间的相关性。表格的项目栏要注明被测物理量的名称和量纲,说明栏中数字小数点要上下对齐,给人以清晰的感觉。对异常的实验数据,不得随意舍掉,应进行复测,加以验证。

8.实验结果

将实验数据代入公式,求出计算结果。例如,当放大器的输入电压 $U_i = 0.01$ V 时,测得输出信号电压 $U_o = 0.53$ V,按照实验要求,可计算出放大器的电压放大倍数为

$$| A_U |= \frac{U_\circ}{U_i} = \frac{0.53}{0.01} = 53$$

9.实验数据的误差估算

误差估算的目的:验证实验结果是否超出误差要求,找出影响实验结果准确性的主要因素,对超出误差或异常现象做出合理的解释,提出改进措施并对实验结果做出切合实际的结论。

10.讨论

对实验及实验结果进行讨论,对实验方法、实验装置等提出改进建议以及回答思考题等。

11.参考资料

记录实验前阅读过的有关资料和实验报告写作中引文出处(作者、资料名称、出版单位及出版日期等),为查阅者提供方便。

(三) 实验报告格式

实验报告的格式如下:

实 验 名 称

一、实验目的

二、实验设备及元器件

设备名称	型　号	用　途	编　号

三、实验电路的设计(或实验内容)

1.已知条件。

2.主要设计指标。

3.选择电路形式。

4.电路设计。对所选电路中的各元件值进行定量计算或工程估算。如果所设计的电路由几个单元电路组成,则在阐述电路原理时,最好先用总体框图说明,然后结合框图逐一介绍各个单元电路的设计过程和工作原理。

四、电路的调试

1.先对单元电路进行调试。调试正确后,再进行整机联调,写出主要调试步骤。

2.测量主要技术指标,并作记录。

3.故障分析及说明。对在单元电路和整机调试中出现的主要故障及解决办法进行分析,若有波形失真,要分析波形失真的原因。

4.绘制出整机电路原理图,并标明调试后的各元件参数。

五、实验数据表格及处理(原始数据应有实验指导教师的签字)

对实验数据进行整理和处理,绘制有关曲线。

六、实验结论和讨论

1.对实验进行总结,写出结论。

2.对实验电路的设计方案、电路性能、测试方法等提出改进建议。

3.撰写实验心得体会。

(四) 写实验报告应注意的问题

(1) 要写好实验报告,首先要做好实验。实验不成功,在文字上花功夫也是补救不了的。

(2) 写报告必须有严肃认真、实事求是的科学态度。不经重复实验不得任意修改数据,更不得伪造数据;分析问题和得出结论既要从实际出发,又要有理论依据,没有理论分析的报告是不完整的报告,但也不可照抄书本,应有自己的见解。

(3) 处理实验数据时,应按要求保留测量误差和有效数字位数。

(4) 图与表是直观、简捷表达实验结果的有效手段,应充分利用。实验电路图要符合规定画法。

(5) 实验报告是一种说明文体,不要求文艺性和形象性,而要求用简练和确切的文字、图表、技术术语恰当地表达实验过程和实验结果;实验报告常采用无主语句,如"按图所示连接实验电路",因为人们关心的不是哪个人去连接电路,而是如何连接。

第三节　测量误差基本知识

测量是确定被测对象的量值而进行的实验过程。一个量在被测时,该量本身的真实值大小称为真值。在不同的时空中,被测量的真值往往是不同的。在一定的时空条件下,某被测量的真值是一个客观存在的确定数值。但是,在测量中,人们通过实验的方法来求被测量的真值时,由于对客观规律认识的局限性、测量器具不准确、测量手段不完善、测量条件发生变化及测量工作中的疏忽或错误等原因,都会使测量结果与真值不同,这个差别就是测量误差。简言之,测量误差就是测量结果与被测量真值的差别。

一、测量误差的定义

测量误差通常可分为绝对误差和相对误差两种。

1.绝对误差

测量值 X 与被测量的真值 X_0 之间的偏差称为绝对误差(ΔX),即

$$\Delta X = X - X_0$$

在某一时空条件下,被测量的真值虽然是客观存在的,但要确切地说出真值的大小却很困难。在有些情况下,真值可以由理论给出或由计量学作出规定。但就大多数情况而言,真值很难完全确定。在一般测量工作中,只要按规定的要求,达到误差可以忽略不计时,就可

以认为该值接近于真值,并用来代替真值。满足规定的准确度要求,用来代替真值使用的量值称为实际值。在实际测量中,常把用高一级的计量标准所测得的量值作为实际值。除了实际值以外,还可以用已修正过的多次测量的算术平均值来代替真值使用。

所谓修正值 C 是指与绝对误差大小相等、符号相反的量,即

$$C = X_0 - X$$

在某些较准确的仪器中,常常以表格、曲线或公式给出修正值。在自动测量仪器中,修正值还可以事先编成程序储存在仪器中,测量时仪器可以对测量结果自动进行修正。

2.相对误差

绝对误差的表示方法有它的不足之处,就是它往往不能确切地反映测量的准确程度。例如,测量两个频率,其中一个频率 $f_1 = 1\text{ kHz}$,其绝对误差 $\Delta f_1 = 1\text{ Hz}$;另一个频率 $f_2 = 1\text{ MHz}$,绝对误差 $\Delta f_2 = 10\text{ Hz}$。尽管 Δf_2 大于 Δf_1,但是并不能因此得出 f_1 较 f_2 准确的结论。恰恰相反,f_1 的测量误差对 $f_1 = 1\text{ kHz}$ 来说占 0.1%,而 f_2 的测量误差仅占 $f_2 = 1\text{ MHz}$ 的 0.001%。 为了弥补绝对误差的不足,又提出了相对误差的概念。

相对误差又分相对真误差和满度相对误差。

(1)相对真误差。相对真误差是绝对误差与真值的比值,通常用百分数表示。若用 γ 表示相对真误差,则

$$\gamma = \frac{\Delta X}{X_0} \times 100\%$$

如上述 f_1 的测量相对真误差为 0.1%,而 f_2 的测量相对真误差为 0.001%。相对真误差是一个只有大小和符号而没有量纲的量。

有时一个仪器的准确程度,可用误差的绝对形式和相对形式共同表示。例如,某信号发生器输出脉冲宽度为 $W_p = 0.1 \sim 10\ \mu s$,共 20 挡,误差为 $\pm 0.1 W_p \pm 0.025\ \mu s$,即脉宽的误差由两部分组成,第一部分为输出脉宽的 $\pm 10\%$,这是误差中的相对部分;第二部分为 $\pm 0.025\ \mu s$,与输出脉宽无关,可看成误差中的绝对部分。显然,当输出为窄脉冲时,误差中的绝对部分起主要作用;当输出为宽脉冲时,误差的相对部分起主要作用。

(2)满度相对误差。上面介绍的相对误差可以较好地反映某次测量的准确度。但是,在连续刻度的仪表中,用相对真误差来表示整个量程内仪表的准确度就不太方便。这是因为,使用这种仪表时,在某一测量量程内,被测量有不同的数值,若用相对真误差来表示,则随着被测量的不同,其相对误差也不同,所以无法确定仪表的准确程度。为了计算和划分仪表的准确度等级,引入了满度误差概念,即用测量的绝对误差 ΔX 与测量仪表的满刻度值 X_n 的比值来描述相对误差,通常用百分数表示。若用 γ_n 表示满度相对误差,则

$$\gamma_n = \frac{\Delta X}{X_n} \times 100\%$$

仪表的准确度等级 S 是按照最大满度误差来确定的。也就是说,测量中的满度误差不能超过测量仪表的准确度等级的百分值 $S\%$(例如,常用电工仪表的准确度等级 S 分为 0.1,0.2,0.5,1.0,1.5,2.5 和 5.0 等 7 级),即

$$\gamma_n = \frac{\Delta X}{X_n} \times 100\% \leqslant S\%$$

如果仪表的等级为 S,被测量的真值为 X_0,选用的满度值为 X_n,则测量的相对误差为

$$\gamma = \frac{\Delta X}{X_0} \leqslant \frac{X_n \times S\%}{X_0}$$

在上式中,总是满足 $X_0 \leqslant X_n$ 的,可见当仪表的等级 S 选定时,X_n 越接近于 X_0,测量的相对误差就越小。因此,使用这类仪表时,要尽可能使仪表的满量程接近被测量的真值。或者说,测量时仪表的读数要落在仪表满量程的 2/3 以上区间内,测量误差较小。

例如,要测量一个 10 V 左右的电压,有两块电压表,其中一块量程为 150 V±1.5 级,另一块量程为 15 V±2.5 级,问选用哪一块表合适?

若使用量程为 150 V±1.5 级电压表,则相对误差为

$$\gamma = \frac{\Delta X}{X_0} \leqslant \frac{X_n \times S\%}{X_0} = \frac{150 \times (\pm 1.5\%)}{10} = \pm \frac{2.25}{10} = \pm 22.5\%$$

若使用量程为 15 V±2.5 级电压表,则相对误差为

$$\gamma = \frac{\Delta X}{X_0} \leqslant \frac{X_n \times S\%}{X_0} = \frac{15 \times (\pm 2.5\%)}{10} = \pm \frac{0.375}{10} = \pm 3.75\%$$

可见,选用量程为 15 V±2.5 级的电压表测量误差范围小了很多,当然更为合适。

由这个例子可以看出,在测量中不能片面追求仪表的精度等级,而应该根据被测量的大小,兼顾仪表的满刻度值和级别,合理地选择仪表。

二、测量误差的分类

根据测量误差的性质、特点及产生的原因,可将其分为系统误差、随机误差和粗大误差三大类。

1.系统误差

在相同条件下多次测量同一量时,误差的绝对值和符号均保持不变,或在条件改变时按照某种确定规律变化的误差称为系统误差。

系统误差一般可以归纳为若干个因素的函数。测量条件一经确定,系统误差就获得了一个客观上的恒定值,多次测量取平均值并不能改变系统误差的影响。在测量条件改变时,一般来说系统误差是变化的,它的变化特点是累进式的、周期性的或按复杂规律变化的。这些规律往往可以用解析式、数据表格或曲线来表达。不随某些测量条件而变化的系统误差称为恒值测量系统误差。

造成系统误差的原因很多,常见的有:测量设备的缺陷、测量仪器不准确、测量仪表的安装放置和使用不当等引起的误差,例如,电表零点不准引起的误差;测量环境变化,如温度、湿度、电源电压变化、周围电磁场的影响等带来的误差;测量时使用的方法不完善、所依据的理论不严密或采用了某些近似公式等造成的误差(常称为理论误差或方法误差),如用电压表和电流表测量电阻 R 两端的电压和流过电阻 R 的电流时的测量方法误差。如图 1-1(a) 所示,流过电流表的电流,除了电阻中的电流外还包括了电压表中的电流;如图 1-1(b) 所示,电压表中的电压,除了电阻 R 上的电压外还包括了电流表上的电压。在图 1-1(a) 中,当电压表的内阻远大于电阻 R 时,或在图 1-1(b) 中,当电流表的内阻远小于电阻 R 时,才能减小或忽略测量中的方法误差。

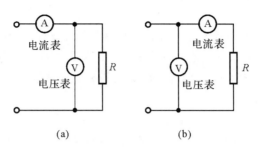

图 1-1　测量电阻过程中的电压和电流的方法误差

产生系统误差的另一个重要原因是由测量人员引起的。例如,测量人员感觉器官的不完善,生理上的最小分辨能力的限制,一些不正确的测量习惯等也会造成测量误差。比如,用肉眼去看指针仪表,有的测量人员习惯从表头的左边或右边的刻度去读值,必然会带来误差。

由于系统误差具有一定的规律性,因此可以根据系统误差产生的原因,采取一定的措施,设法消除或减弱它。

2.随机误差

在相同条件下,多次测量同一量时,误差的大小和方向均发生变化且无确定的变化规律的误差,称为随机误差。

随机误差主要是由那些对测量值影响较微小,又互不相关的多种因素共同造成的。例如,热噪声、电磁场的微变、空气扰动、大地微振和测量人员感觉器官的各种无规律的微小变化等。上面这些影响,尽管从宏观上看,或者从平均的意义上说,测量条件没变,例如,使用仪器准确程度相同,周围环境相同,测量人员同样细心地进行工作,但是只要测量装置的灵敏度足够高,就会发现测量结果有上下起伏的变化,这种变化就是由随机误差造成的。

一次测量的随机误差没有规律,不可预测,不能控制,也不能用实验方法加以消除。但是,随机误差在足够多次测量的总体上服从统计的规律,也就是说,对于大量的测量,从统计的观点来看,随机误差表现了它的规律性。

随机误差变化的特点是:在多次测量中,随机误差的绝对值实际上不会超过一定界限,即随机误差具有有界性;绝对值相等的正负误差出现的概率相同,即随机误差具有对称性;随机误差的算术平均值随着测量次数的无限增加而趋近于零,也就是说,在多次测量中,随机误差有相互抵消的特性,即具有抵消性。

3.粗大误差(疏失误差)

粗大误差通常是由测量人员的不正确操作或疏忽等原因引起的。粗大误差明显地超过正常条件下的系统误差和随机误差。对于这种异常值,必须根据统计检验的方法和某些准则去判断哪个测量值属于坏值,然后将其剔除。

三、测量误差的消除

消除或尽量减少测量误差是进行准确测量的条件之一。在进行测量之前,必须预先估计所有产生误差的根源,有针对性地采取相应的措施加以处理,这样就能更加接近被测量的真值。

1.系统误差的消除

（1）消除误差来源。测量仪器本身存在的误差和仪器安装、使用不当，测量方法或原理存在的缺点，测量环境变化以及测量人员的主观原因等都可能造成系统误差。在开始测量以前应尽量发现并消除这些误差来源或设法防止测量受这些误差来源的影响，这是消除或减弱系统误差的最好方法。

在测量中，除从测量原理和方法上尽力做到正确、严格外，还要对测量仪器定期检定和校准，注意仪器的正确使用条件和方法。例如，仪器的放置位置、工作状态、使用频率范围、电源供给、接地方法以及附件和导线的使用与连接都要符合规定且正确合理（例如，采用屏蔽线或专用线等）。

要注意周围环境对测量的影响，特别是温度对电子测量的影响较大，精密测量要注意采用恒温或采取散热、空气调节等措施。为了避免周围电磁场及有害振动的影响，必要时可采取屏蔽或减振措施。

对于测量人员主观原因造成的系统误差，可以通过提高测量人员的业务水平和强化工作责任意识，同时还可以从改进设备方面尽量避免测量人员造成的误差。例如，为避免读数误差可尽量选用数字仪表。

（2）修正误差。在测量之前，应对测量所用仪器和仪表用更高一级的标准仪器进行检定，从而确定它们的修正值，即实际值＝修正值＋测量值。通过修正值来消除仪表误差。

2.随机误差的消除

由于随机误差的算术平均值随着测量次数的无限增加而趋近于零，也就是说，在多次测量中，随机误差有相互抵消的特性，因此，可以通过多次测量取算术平均值的办法来削弱随机误差对测量结果的影响。

3.粗大误差的消除

因为粗大误差是由测量人员的不正确操作或疏忽等原因引起的，所以消除粗大误差的最好办法就是提高测量人员的业务水平和强化工作责任意识，尽量避免产生这样的误差。如果产生了粗大误差，就要在进行数据处理时将其剔除。

综上所述，在这3种误差同时存在的情况下，确认为粗大误差的测量值应首先给予剔除；随机误差可采用统计学求其平均值的方法来削弱它的影响；系统误差，则在进行测量前先估计产生系统误差的一切根源，有针对性地采取相应的措施来消除，如对仪表进行及时校正，配置适当的仪器仪表，选择合理的测量方法等。

第四节 测量数据处理基本知识

通过实验取得测量数据后，通常还要对这些数据进行计算、分析、整理，有时还要把数据归纳成一定的表达式或制作表格、曲线等，也就是要进行数据处理。数据处理是建立在误差分析基础上的。在数据处理过程中，要进行去粗取精、去伪存真的工作，并通过分析、整理引出正确的科学结论。

在进行数据处理时，对用数字表示的测量结果，除了注意有效数字的正确取舍外，还应制定合理的数据处理方法，以减少测量过程中偶然误差的影响。对以图形表示的测量结果，应考虑坐标的选择和正确的作图方法以及对所作图形的评定等。测量结果通常用数据或图形表示。下面分别进行讨论。

一、测量结果的数据处理

1.有效数字

因为存在误差,所以测量结果总是近似值,它通常由可靠数字和欠准数字两部分组成。例如,由电流表测得电流为 12.6 mA,这是个近似数,12 是可靠数字,而末位 6 为欠准数字,即 12.6 为三位有效数字。有效数字对测量结果的科学表述极为重要。

对有效数字的正确表示,应注意以下几点:

(1)与计量单位有关的"0"不是有效数字,例如,0.054 A 与 54 mA 这两种写法均为两位有效数字。

(2)小数点后面的"0"不能随意省略,例如,18 mA 与 18.00 mA 是有区别的,前者为两位有效数字,后者则是四位有效数字。

(3)对后面带"0"的大数目数字,不同写法其有效数字位数是不同的,例如,3 000 若写成 30×10^2,则成为两位有效数字;若写成 3×10^3,则成为一位有效数字;若写成 $3\ 000 \pm 1$,就是四位有效数字。

(4)如已知误差,则有效数字的位数应与误差所在位相一致,即有效数字的最后一位数应与误差所在位对齐。例如,仪表误差为 ± 0.02 V,测得数为 3.283 2 V,其结果应写作3.28 V。因为小数点后面第二位"8"所在位已经产生了误差,所以从小数点后面第三位开始,后面的"32"已经没有意义了,写结果时应舍去。

(5)当给出的误差有单位时,则测量资料的写法应与其一致。例如,频率计的测量误差为几千赫,其测得某信号的频率为 7 100 kHz,可写成 7.100 MHz 和 $7\ 100 \times 10^3$ Hz,若写成7 100 000 Hz 或 7.1 MHz 是不行的,因为后者的有效数字与仪器的测量误差不一致。

2.数据舍入规则

为了使正、负舍入误差出现的机会大致相等,现已广泛采用"小于5舍,大于5入,等于5时取偶数"的舍入规则,即:

(1)若保留 n 位有效数字,当后面的数值小于第 n 位的0.5单位时,就舍去。

(2)若保留 n 位有效数字,当后面的数值大于第 n 位的0.5单位时,就在第 n 位数字上加1。

(3)若保留 n 位有效数字,当后面的数值恰为第 n 位的0.5单位时,则当第 n 位数字为偶数(0,2,4,6,8)时应舍去后面的数字(即末位不变),当第 n 位数字为奇数(1,3,5,7,9)时,第 n 位数字应加1(即将末位凑成为偶数)。这样,由于舍入概率相同,当舍入次数足够多时,舍入的误差就会抵消。同时,这种舍入规则,使有效数字的尾数为偶数的机会增多,能被除尽的机会比奇数多,有利于准确计算。

3.有效数字的运算规则

当测量结果需要进行中间运算时,有效数字的取舍,原则上取决于参与运算的各数中精度最差的那一项。一般应遵循以下规则:

(1)当几个近似值进行加、减运算时,在各数中(采用同一计量单位),以小数点后位数最少的那一个数(如无小数点,则为有效位数最少者)为准,其余各数均舍入至比该数多一位后再进行加减运算,结果所保留的小数点后的位数,应与各数中小数点后位数最少者的位数相同。

(2)进行乘、除运算时,在各数中,以有效数字位数最少的那一个数为准,其余各数及积(或商)均舍入至比该因子多一位后进行运算,而与小数点位置无关。运算结果的有效数字的位数应取舍成与运算前有效数字位数最少的因子相同。

(3)将数二次方或开二次方后,结果可比原数多保留一位。

(4)用对数进行运算时,n 位有效数字的数应该用 n 位对数表。

(5)若计算式中出现如 e,π 等常数时,可根据具体情况来决定它们应取的位数。

二、测量结果的曲线处理

在分析两个(或多个)物理量之间的关系时,用曲线比用数字、公式表示常常更形象和直观。因此,测量结果常要用曲线来表示。在实际测量过程中,由于各种误差的影响,测量数据将出现离散现象,如将测量点直接连接起来,将不是一条光滑的曲线,而是呈折线状。如图1-2所示,但应用有关误差理论,可以把各种随机因素引起的曲线波动抹平,使其成为一条光滑均匀的曲线,这个过程称为曲线的修匀。

在要求不太高的测量中,常采用一种简便、可行的工程方法 —— 分组平均法 —— 来修匀曲线。这种方法是将各测量点分成若干组,每组含 2～4 个数据点,然后分别估取各组的几何重心,再将这些重心连接起来。如图1-3所示就是每组取 2～4 个数据点进行平均后的修匀曲线。这条曲线,由于进行了测量点的平均,在一定程度上减少了偶然误差的影响,使之较为符合实际情况。

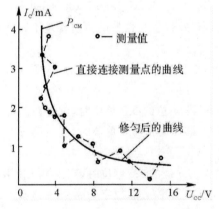

图1-2　直接连接测量点时曲线的波动情况

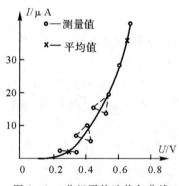

图1-3　分组平均法修匀曲线

第二章　常用元器件的使用

第一节　电阻、电容及电感的使用

任何电子电路都是由元器件组成的,而常用的元器件有电阻器、电容器、电感器和各种半导体器件(如二极管、三极管、集成电路等)。为了能正确地选择和使用这些元器件,就必须掌握它们的性能、结构与主要参数等有关知识。

一、电阻的使用

(一)电阻的分类

电阻是电路元件中应用最广泛的一种,在电子设备中约占元件总数的 30% 以上,其质量的好坏对电路工作的稳定性有极大影响。电阻主要是用于稳定和调节电路中的电流和电压,其次还可用作分流器、分压器和消耗电能的负载等。

(1)电阻按结构可分为固定式和可变式两大类。

1)固定式电阻一般称为"电阻"。由于制作材料和工艺不同,可分为膜式电阻、实芯式电阻、金属线绕电阻和特殊电阻 4 种类型。

膜式电阻包括碳膜电阻、金属膜电阻、合成膜电阻和氧化膜电阻等。

实芯电阻包括有机实芯电阻和无机实芯电阻。

特殊电阻包括 MG 型光敏电阻和 MF 型热敏电阻。

2)可变式电阻分为滑线式变阻器和电位器。其中应用最广泛的是电位器。电位器是一种具有 3 个接头的可变电阻器。其阻值可在一定范围内连续可调。

一般地,线绕电位器的误差不大于 ±10%,非线绕电位器的误差不大于 ±2%。其阻值、误差和型号均标在电位器上。

(2)按调节机构的运动方式,有旋转式、直滑式电阻器。

(3)按结构分,可分为单联、多联、带开关、不带开关电阻器等,开关形式又有旋转式、推拉式、按键式等。

(4)按用途分,可分为普通电位器、精密电位器、功率电位器、微调电位器和专用电位器等。

(5) 按阻值随转角变化关系，又可分为线性和非线性电位器，如图 1-4 所示。

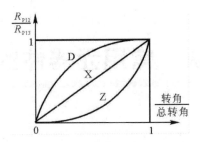

图 1-4　电位器阻值随转角变化图

(二) 电阻的特点

(1)X 式(直线式)：常用于示波器的聚焦电位器和万用表的调零电位器(如 MF-20 型万用表)，其线性精度为 ±2％，±1％，±0.3％，±0.05％。

(2)D 式(对效式)：常用于电视机的黑白对比度调节电位器，其特点是先粗调后细调。

(3)Z 式(指数式)：常用于收音机的音量调节电位器，其特点是先细调后粗调。

所有 X,D,Z 字母符号一般印在电位器上，使用时应注意。常用电阻器的外形和符号如图 1-5 所示。

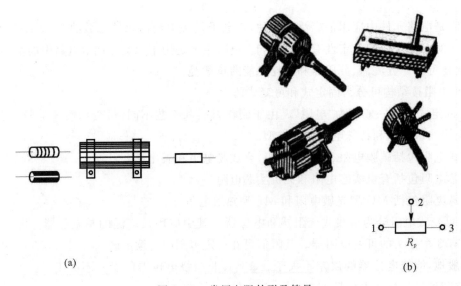

(a)

(b)

图 1-5　常用电阻外形及符号

(a) 电阻外形及符号；(b) 电位器外形及符号

(三) 电阻的型号命名

电阻的型号命名详见表 1-1。

表 1-1　电阻的型号命名法

第一部分		第二部分		第三部分		第四部分
用字母表示主称		用字母表示材料		用数字或字母表示特征		用数字表示序号
符号	意义	符号	意义	符号		
R R_P	电阻器 电位器	T	碳膜	1,2	普通	包括: 额定功率, 阻值, 允许误差, 精度等级
		P	硼碳膜	3	超高频	
		U	硅碳膜	4	高阻	
		C	沉积膜	5	高温	
		H	合成膜	7	精密	
		I	玻璃釉膜	8	电阻器 —— 高压	
		J	金属膜(箔)		电位 —— 特殊函数	
		Y	氧化膜	9	特殊	
		S	有机实芯	G	高功率	
		N	无机实芯	T	可调	
		X	线绕	X	小型	
		R	热敏	L	测量用	
		G	光敏	W	微调	
		M	压敏	D	多圈	

(四) 电阻的主要性能指标

1.额定功率

电阻的额定功率是在规定的环境温度和湿度下,假定周围空气不流通,在长期连续负载而不损坏或基本不改变性能的情况下,电阻器上允许消耗的最大功率。当超过额定功率时,电阻器的阻值将发生变化,甚至发热烧毁。为保证安全使用,一般选其额定功率比它在电路中消耗的功率高 1 ~ 2 倍。

电阻的额定功率分 19 个等级,常用的有 1/20 W,1/8 W,1/4 W,1/2 W,1 W,2 W,4 W,5 W 等。

实际中应用较多的有 1/8 W,1/4 W,1/2 W,1 W,2 W。线绕电位器应用较多的有 2 W,3 W,5 W,10 W 等。

示例:RJ71-0.125-5.1kI 型的命名含义如图 1-6 所示。

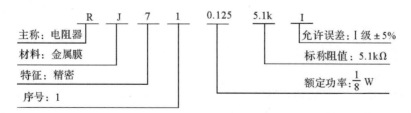

图 1-6　电阻命名含义

由此可见,这是精密金属膜电阻器,其额定功率为 1/8 W,标称电阻值为 5.1 kΩ,允许误差为 ±5%。

2.标称阻值

标称阻值是产品标志的"名义"阻值,其单位为欧(Ω)、千欧($k\Omega$)、兆欧($M\Omega$)。标称阻值系列如表 1-2 所示。

任何固定电阻的阻值都应符合表 1-2 所列数值乘以 $10^n\Omega$,其中 n 为整数。

表 1-2　标称阻值

允许误差	系列代号	标称阻值系列										
$\pm 5\%$	E24	1.0　1.1　1.2　1.3　1.5　1.6　1.8　2.0　2.0　2.4　2.7　3.0 3.3　3.6　3.9　4.3　4.7　5.1　5.6　6.2　6.8　7.5　8.2　9.1										
$\pm 10\%$	E12	1.0　1.2　1.5　1.8　2.2　2.7　3.3　3.9　4.7　5.6　6.8　8.2										
$\pm 20\%$	E6	1.0　1.5　2.2　3.3　4.7　6.8										

3.允许误差

允许误差是指电阻和电位器实际阻值对于标称阻值的最大允许偏差范围。它表示产品的精度。允许误差等级见表 1-3。线绕电位器允许误差一般小于 $\pm 10\%$,非线绕电位器的允许误差一般小于 $\pm 20\%$。

表 1-3　允许误差等级

级别	005	01	02	I	II	III
允许误差	$\pm 0.5\%$	$\pm 1\%$	$\pm 2\%$	$\pm 5\%$	$\pm 10\%$	$\pm 20\%$

4.最高工作电压

最高工作电压是由电阻最大电流密度、电阻体击穿及其结构等因素所规定的工作电压限度。对阻值较大的电阻器,当工作电压过高时,虽功率不超过规定值,但内部会发生电弧火花放电,导致电阻变质损坏。一般 1/8 W 碳膜电阻和金属膜电阻,最高工作电压分别不能超过 150 V 和 200 V。

(五) 电阻阻值的测量

电阻的阻值可用万用表直接测量读出它的数值,把万用表的表盘拨到恰当的测量电阻挡位上,表笔接触电阻器两端直接读数。在测量电阻时应注意以下几个问题:

(1) 在测电阻时,电阻两端不可有电,如果有电则既有可能烧坏万用表,又会造成测量的严重误差。

(2) 在测电阻时,尤其是测量阻值相对较大的电阻时,两手不可同时触到表笔,避免人体电阻和被测电阻之间形成并联,造成测量误差。

(3) 如果要测连在电路上的电阻阻值,一定要先断开被测电阻的一只引脚,再测量阻值。

(六) 电阻阻值的读取

实验中功率较大的电阻的数值是直接标在其上的,功率数较小者常采用色环标识法。色环标识法是用不同颜色的色环在电阻表面标识阻值和允许误差。一般电阻用四环表示(即两位有效数字),它的前两环表示数字,第三环表示倍率,第四环表示误差,见表1－4。精密电阻用5个色环表示,前3个环表示数字,第四环表示倍率,第五环表示允许误差,见表1－5。

表1－4　两位有效数字(四环)色环电阻标识法

颜色	第一环	第二环	第三环	第四环(误差)
黑	0	0	10^0	
棕	1	1	10^1	
红	2	2	10^2	
橙	3	3	10^3	
黄	4	4	10^4	
绿	5	5	10^5	
蓝	6	6	10^6	
紫	7	7	10^7	
灰	8	8	10^8	
白	9	9	10^9	$+50\% \sim 20\%$
金			10^{-1}	$\pm 5\%$
银			10^{-2}	$\pm 10\%$
无色				$\pm 20\%$

表1－5　三位有效数字(五环)色环电阻标识法

颜色	第一环	第二环	第三环	第四环(倍率)	第五环(误差)
黑	0	0	0	10^0	
棕	1	1	1	10^1	$\pm 1\%$
红	2	2	2	10^2	$\pm 2\%$
橙	3	3	3	10^3	
黄	4	4	4	10^4	
绿	5	5	5	10^5	$\pm 0.5\%$
蓝	6	6	6	10^6	$\pm 0.25\%$
紫	7	7	7	10^7	$\pm 0.1\%$
灰	8	8	8	10^8	
白	9	9	9	10^9	
金				10^{-1}	
银				10^{-2}	

二、电容的使用

(一) 电容的分类

电容是一种储能元件,在电路中用于调谐、滤波、耦合、旁路、能量转换和延时等。

1.按结构分类

电容按其结构可分为以下 3 种。

(1) 固定电容。电容量是固定不可调的,称之为固定电容。图 1-7 所示为几种固定电容的外形和电路符号。

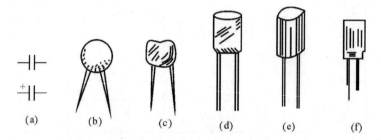

图 1-7　几种固定电容外形及符号

(a) 电容符号(带"+"号的为电解电容器);(b) 瓷介电容;(c) 云母电容;
(d) 涤纶藏膜电容;(e) 金属化纸介电容;(f) 电解电容

(2) 半可变电容(微调电容)。电容容量可在小范围内变化的称之为半可变电容。其可变容量为几皮法至几十皮法,最高达 100 pF(以陶瓷为介质时),适用于整机调整后电容量不需经常改变的场合。常以空气、云母或陶瓷作为介质。其外形及电路符号如图 1-8 所示。

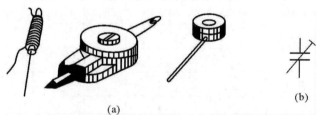

图 1-8　半可变电容外形及符号

(a) 瓷介微调电容外形;(b) 半可变电容符号

(3) 可变电容。电容容量可在一定范围内连续变化的称之为可变电容,常有"单联""双联"之分。它们由若干片形状相同的金属片并接成一组定片和一组动片,其外形及符号如图 1-9 所示。动片可以通过转轴转动,以改变动片插入定片的面积,从而改变电容量。一般以空气作介质,也有用有机薄膜作介质的,但后者的温度系数较大。

2.按介质材料分类

电容按其介质材科可分为 6 种。

(1) 电解电容。电解电容是以铝、钽、铌、钛等金属氧化膜作介质的电容。目前应用最广的是铝电解电容。它容量大、体积小、耐压高(但耐压越高,体积也就越大),一般在 500 V 以下,常用于交流旁路和滤波;缺点是容量误差大,且随频率而变动,绝缘电阻低。电解电容有正、负极之分(外壳为负端,另一接头为正端)。一般,电容外壳上都标有"+""—"记号,如无标记则引线长的为"+"端,引线短的为"—"端,使用时必须注意不要接反。若接反,电解作用会反向进行,氧化膜很快变薄,漏电流急剧增加,如果所加的直流电压过大,则电容会很快发热,甚至会引起爆炸。

由于铝电解电容具有不少缺点,在要求较高的地方常用钽、铌或钛电容。它们比铝电解电容的漏电流小,体积小,但成本高。

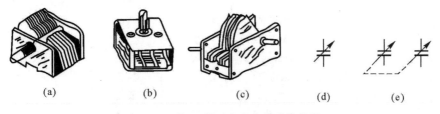

图 1 - 9　单、双联可变电容外形及符号

(2) 云母电容。以云母片作介质的电容,其特点是高频性能稳定,损耗小,漏电流小,耐压高(从几百伏到几千伏),但容量小(从几十皮法到几万皮法)。

(3) 瓷介电容。以高介电常数、低损耗的陶瓷材料为介质的电容,称之为瓷介电容。其体积小,损耗小,温度系数小,可工作在超高频范围,但耐压较低(一般为 $50 \sim 70$ V),容量较小(一般为 $1 \sim 1\,000$ pF)。

为克服容量小的缺点,现在采用了铁电陶瓷和独石电容。它们的容量分别可达 680 pF $\sim$ 0.047 μF 和 0.01 μF 至几微法,但其温度系数大,损耗大,容量误差大。

(4) 玻璃釉电容。这是以玻璃釉作介质的电容。它具有瓷介电容的优点,且体积比同容量的瓷介电容小。其容量范围为 4.7 pF $\sim$ 4 μF。另外,其介电常数在很宽的频率范围内保持不变,还可应用在 125℃ 高温下。

(5) 纸介电容。纸介电容的电极用铝箔或锡箔做成,绝缘介质是浸蜡的纸,相叠后卷成圆柱体,外包防潮物质,有时外壳采用密封的铁壳以提高防潮性,大容量的电容常在铁壳里灌满电容器油或变压器油,以提高耐压强度,被称为油浸纸介电容。纸介电容的优点是在一定体积内可以得到较大的电容量,且结构简单,价格低廉,但介质损耗大,稳定性不高,主要用于低频电路的旁路和隔直电容。其容量一般为 100 pF $\sim$ 10 μF。

新发展的纸介电容器蒸发的方法使金属附着于纸上作为电极,因此体积大大缩小,称为金属化纸介电容,其性能与纸介电容相仿。但它有一个最大特点是被高电压击穿后,有自愈作用,即电压恢复正常后仍能工作。

(6) 有机薄膜电容。有机薄膜电容是用聚苯乙烯、聚四氟乙烯或涤纶等有机薄膜代替纸介质做成的各种电容。与纸介电容相比,它的优点是体积小,耐压高,损耗小,绝缘电阻大,稳定性好,但温度系数大。

(二) 电容型号命名法

电容的型号命名法见表 1-6。

表 1-6　电容型号命名法

第一部分		第二部分		第三部分		第四部分
用字母表示主称		用字母表示材料		用字母表示特征		用字母或数字表示序号
符号	意义	符号	意义	符号	意义	
C	电容器	C	瓷介	T	铁电	包括品种、尺寸代号、温度特性、直流工作电压、标称值、允许误差、标准代号
		I	玻璃釉	W	微调	
		O	玻璃膜	J	金属化	
		Y	云母	X	小型	
		V	云母纸	S	独石	
		Z	纸介	D	低压	
		J	金属化纸	M	密封	
		B	聚苯乙烯	Y	高压	
		F	聚四氟乙烯	C	穿心式	
		L	涤纶(聚脂)			
		S	聚碳酸脂			
		Q	漆膜			
		H	纸膜复合			
		D	铝电解			
		A	钽电解			
		G	金属电解			
		N	铌电解			
		T	钛电解			
		M	压敏			
		E	其他材料电解			

示例:CJX-250-0.33-±10% 电容器的命名含义如图 1-10 所示。

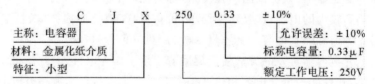

图 1-10　电容器的命名含义图

(三) 电容的主要性能指标

1.电容量

电容量是指电容器加上电压后,储存电荷的能力,常用的单位是法(F)、微法(μF) 和皮法(pF)。皮法也称微微法。三者的关系为

$$1 \text{ pF} = 10^{-6} \ \mu\text{F} = 10^{-12} \text{ F}$$

一般,电容器上都直接写出其容量,也有的是用数字来标识容量的。如有的电容上只标出"332"三位数值,左起两位数字给出电容量的第一、二位数字,而第三位数字则表示附加上零的个数,以 pF 为单位。因此"332"即表示该电容的电容量为 3 300 pF。

2.标称电容量

标称电容量是标志在电容上的"名义"电容量。我国固定式电容标称电容量系列为 E24,E12,E6。电解电容的标称容量参考系列为 1,1.5,2.2,3.3,4.7,6.8(以 pF 为单位)。

3.允许误差

允许误差是实际电容量对于标称电容量的最大允许偏差范围。固定电容的允许误差分 9 级,见表 1-7。

表 1-7 允许误差等级

级别	005	01	02	I	II	III	IV	V	VI
允许误差	±0.5%	±1%	±2%	±5%	±10%	±20%	+20% ~ -30%	+50% ~ -20%	+100% ~ -10%

4.额定工作电压

额定工作电压是电容在规定的工作温度范围内,长期、可靠地工作所能承受的最高电压。常用固定电容的直流工作电压系列为 6.3 V,10 V,16 V,25 V,40 V,63 V,100 V,250 V,400 V。

5.绝缘电阻

绝缘电阻是加在其上的直流电压与通过它的漏电流的比值。绝缘电阻一般应在 5 000 MΩ 以上,优质电容可达 $T\Omega(10^{12}\ \Omega$,称为太欧)级。

6.介质损耗

理想的电容应没有能量损耗。但实际上电容在电场的作用下,总有一部分电能转换成为热能,所损耗的能量称为电容损耗,它包括金属极板的损耗和介质损耗两部分。小功率电容主要是介质损耗。

所谓介质损耗,是指介质缓慢极化和介质电导所引起的损耗。它通常用损耗功率和电容的无功功率之比,即损耗角(δ)的正切值来表示:

$$\tan\delta = \frac{损耗功率}{无功功率}$$

在同容量、同工作条件下,损耗角越大,电容的损耗也越大。损耗角大的电容不适于在调频情况下工作。

三、电感的使用

(一) 电感的分类

电感一般由线圈构成。为了增加电感量 L,提高品质因数 Q 和减小体积,通常在线圈中加入软磁性材料的磁芯。

根据电感的电感量是否可调,电感分为固定电感和可变电感。

可变电感的电感量可利用磁芯在线圈内移动而在较大的范围内调节。它与固定电容配合应用于谐振电路中起调谐作用。

微调电感可以满足整机调试的需要和补偿电感器生产中的分散性,一次调好后,一般不再变动。

除此之外,还有一些小型电感,如色码电感、平面电感和集成电感,可满足电子设备小型化的需要。

(二) 电感的主要性能指标

1.电感量 L

电感量是指电感器通过变化电流时产生感应电动势的能力。其大小与磁导率 μ、线圈单位长度中匝数 n 以及体积 V 有关。当线圈的长度远大于直径时,电感量为

$$L = \mu n^2 U$$

电感量的常用单位为 H(亨利)、mH(毫亨)、μH(微亨)。

2.品质因数 Q

品质因数 Q 反映电感传输能量的本领。Q 值越大,传输能量的本领越大,即损耗越小,一般要求 $Q = 50 \sim 300$。

$$Q = \frac{\omega L}{R}$$

式中:ω 为工作角频率;L 为线圈电感量;R 为线圈电阻。

3.额定电流

额定电流主要对高频电感和大功率电感而言。当通过电感的电流超过额定值时,电感将发热,严重时会烧坏。

第二节 半导体管的使用

半导体是一种导电能力介于导体和绝缘体之间,或者说电阻率介于导体和绝缘体之间的物质,如锗、硅、硒等及大多数金属氧化物都是半导体材料。它所具有的独特性能不在于其电阻率的大小,而在于其电阻率会因温度、掺杂和光照等产生显著变化。利用半导体材料的这一特性,可制成二极管、三极管等多种半导体器件,由于它们都是晶体结构,故又称之为晶体管。

一、半导体二极管的测量

半导体二极管的品种很多,但都由一个 PN 结构成,PN 结的单向导电性是判别二极管好坏的基本依据。

(一) 用万用表测量二极管

1.用模拟式万用表测量二极管

用模拟式万用表的欧姆挡测量二极管时,万用表的等效电路如图 1 - 11 所示。测量时,

万用表的红表笔应插入标有"＋"号的插孔,黑表笔插入标有"－"号的插孔。此时,红表笔与万用表内部电池的负极相对应,黑表笔与万用表内部电池的正极相对应。图 1-11 中的 R_0 表示万用表欧姆挡的等效内阻,其大小与万用表欧姆挡的量程有关,不同量程的 R_0 不同。实际 R_0 的值为表盘中心标度值乘以对应量程的倍率。因此,用不同的量程测量同一个二极管的正向电阻时,测得的阻值是不同的。

(1)测量方法。如图 1-11 所示,将二极管以两个方向与万用表的表笔相接,二极管在正常情况下的两种接法所测得的电阻值相差很大,小的阻值为二极管正向电阻,一般在几百欧到几千欧之间,此时与黑表笔相接的引脚为二极管的正极,与红表笔相接的引脚为二极管的负极。

测量所得较大的电阻值为二极管的反向电阻阻值。对于锗管,反向电阻应在 100 kΩ 以上,硅管的反向电阻阻值很大,几乎看不出表针的偏转。

(2)注意事项。测量小功率二极管时,万用表应置×100 Ω 挡或×1 kΩ 挡。如果用万用表×1 Ω 挡或×10 Ω 挡测量,其内部等效电阻阻值小,被测二极管会因过流而损坏;如果用万用表×10 kΩ 挡测量,则可能造成被测二极管过压损坏。

对于面接触型大电流整流二极管,则可使用×1 Ω 挡或×10 kΩ 挡进行测量。

2.用数字式万用表测量二极管

一般数字式万用表上都有二极管测试挡,其测试原理与模拟式万用表测量电阻完全不同。用数字式万用表测量二极管的内部等效电路如图1-12所示。由图可见,数字表实际上测量的是二极管的直流电压降。当二极管的正、负极分别与数字万用表的红、黑表笔相接时,二极管正向导通,万用表上显示出二极管的正向导通电压 U_0。若二极管的正、负极与数字式万用表的黑、红表笔对应相接时,二极管反向偏置,表上显示"1"或"OL"。

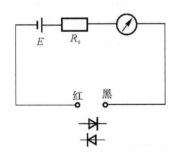

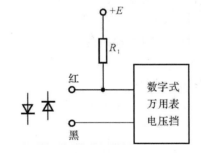

图 1-11　模拟式万用表欧姆挡内部
　　　　　等效电路

图 1-12　数字式万用表测量二极管的
　　　　　内部等效电路

(二) 用晶体管图示仪测量二极管

晶体管图示仪可以显示二极管的伏安特性曲线。例如,测量二极管的正向伏安特性曲线,首先将图示仪荧光屏上的光点置于坐标左下角,峰值电压范围置 0～20 V,集电极扫描电压极性置于"＋",功耗限制电阻置 1 kΩ,X 轴集电极电压置 0.1 V/格,Y 轴集电极电流置 5 mA/格,Y 轴倍率置×1,将硅二极管的正、负极分别接在面板上的 C 和 E 接线柱上或插孔内。缓慢调节峰值电压旋钮,即可得到如图 1-13 所示的二极管正向伏安特性曲线,从图中可以看出二极管的导通电压在 0.7 V 左右。其工作电流的测量电路如图 1-14 所示。

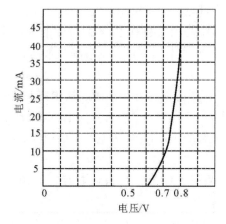

图 1-13　图示仪测量二极管的伏安特性曲线

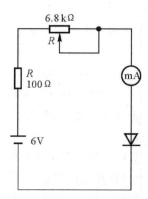

图 1-14　二极管工作电流的测量电路

二、半导体三极管的测量

半导体三极管的种类和型号较多,按制造材料可分为锗管和硅管,按导电类型可分为 NPN 管和 PNP 管,按功率大小可分为小功率管、中功率管和大功率管。表征晶体管性能的电参数也有几十个,但在实际应用时,无须将全部参数都测出,只需要根据应用作一些基本的必要测量即可。

(一) 用模拟万用表判别管脚

无论是 NPN 型还是 PNP 型三极管,其内部都存在两个 PN 结,即发射结(BE 结)和集电结(CB 极),基极处于公共位置。利用 PN 结的单向导电性,用前面介绍的判别二极管极性的方法,可以很容易地用模拟万用表找出三极管的基极并判断其导电类型是 NPN 型还是 PNP 型。

1.基极的判定

以 NPN 型三极管为例说明测试方法。用模拟式万用表的欧姆挡,选择 ×1 kΩ 或 ×100 Ω 挡,将红表笔插入万用表的"+"端,黑表笔插入"-"端。首先确定被测三极管的一个引脚,假定它为基极,将万用表的黑表笔固定接在其上,红表笔分别接另两个引脚,得到的两个电阻值都较小;然后再将红表笔与该假设基极相接,用黑表笔分别接另两个引脚,得到的两个电阻值都较大,则假设正确,即假设的基极的确为基极。否则假设错误,重新另选一脚假设为基极后重复上述步骤,直到出现上述情况。

在基极判断出来后,由测试得到的电阻值大小还可知道该三极管的导电类型。当黑表笔接基极时测得的两个电阻值较小,红表笔接基极时测得的两个电阻值较大,则此三极管只能是 NPN 型三极管,反之则为 PNP 型三极管。

对于一些大功率三极管,其允许的工作电流很大,可达安[培]数量级,发射结面积大,杂质浓度较高,虽然造成了基极、发射极之间的反向电阻不是很大,但还是能与正向电阻区分开来。测试时可选用万用表的 ×10 Ω 或 ×100 Ω 挡测试。

2.发射极和集电极的判别

判别发射极和集电极的依据是发射区的杂质浓度比集电区的杂质浓度高,因而三极管正常运用时的 β 值比倒置运用时要大得多。仍以 NPN 管为例来说明测试方法。

用模拟式万用表,将黑表笔接假设的集电极,红表笔接假设的发射极,在假设集电极(黑表笔)与基极之间接一个 100 kΩ 左右的电阻,看万用表指示的电阻值,如图 1-15(a) 所示。然后将红、黑表笔对调,仍在黑表笔与基极之间接一个 100 kΩ 左右的电阻,观察万用表指示的电阻值,如图 1-15(b) 所示。当万用表指示的电阻值较小时表示流过三极管的电流较大,即三极管处于正常运用的放大状态,则此时黑表笔所接为集电极,红表笔所接为发射极。

一般数字式万用表都有测量三极管 β 值(即 h_{FE})的功能。在已知 NPN 和 PNP 型后,依据三极管处于放大状态时 β 值较大的特点,可以判别出发射极和集电极。

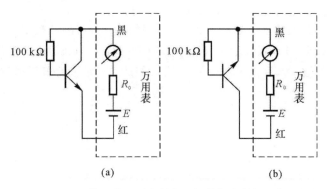

图 1-15 用模拟式万用表判断三极管的发射极和集电极

(二) 用晶体管特性图示仪测量三极管

用万用表只能估测三极管的好坏,而用晶体管特性图示仪则可测得三极管的多种特性曲线和相应的参数,因此在实际工作中,图示仪测量三极管性能的应用非常广泛。

(三) 三极管频率参数的测量

电子电路中的三极管有时需要工作在几百千赫以上,甚至达几百兆赫。三极管在高频使用时,必须知道其频率参数是否能适应电路的要求,三极管的频率参数有 f_T,f_β,f_α 等,其中,三极管特征频率 f_T 是非常重要的一个指标。

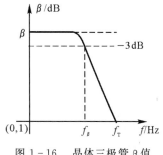

图 1-16 晶体三极管 β 值随频率变化规律

1.三极管特征频率的定义

在共射极电路中,三极管小信号正向电流放大系数 β 随频率升高而下降为 1 时的频率值称为特征频率 f_T,如图 1-16 所示。

2.测量原理

晶体三极管 β 值随频率变化的规律可用下式表示：

$$|\beta| = \frac{\bar{\beta}}{\sqrt{1 + \left(\dfrac{f}{f_\beta}\right)^2}}$$

式中：$\bar{\beta}$ 为三极管直流电流放大系数；f_β 为 $-3\ \mathrm{dB}$ 截止频率，即 $\beta = 0.707\bar{\beta}$ 时所对应的频率。

当 $f \gg f_\beta$ 时，上式可简化为

$$|\beta| = \frac{f_\beta\bar{\beta}}{f}$$

当 $f = f_\mathrm{T}$ 时，$|\beta| = 1$，则有

$$f_\mathrm{T} = f_\beta\bar{\beta} = f|\beta|$$

由上式可见，当测试频率 f 远高于 f_β 时，三极管的 β 值与测试频率 f 的乘积等于特征频率 f_T。利用这一原理，可以在高于 f_β 若干倍的频率下测量 β，通过上式计算获得 f_T，而不必在 $\beta = 1$ 的频率下测量 f_T，这样可降低测量仪器的造价，避免工作频率过高而造成的测量误差。

第三章　主要电参数的测量方法

第一节　电压的测量

电压、电流和功率是表征电信号强弱和能量大小的 3 个基本参数,其中又以电压最为常用。因为在标准电阻两端测出电压值就可以计算出电流和功率,而各种电路的状态均以电压形式来描述,如饱和、截止、谐振等许多电参数也可视为电压的派生量,如频率特性、增益、调制度、失真度等,许多电子测量仪器也都使用电压量作指示,如信号发生器、阻抗电桥、失真度仪等,所以电压测量是其他许多电参量,也包括非电参量测量的基础。

在电子测量中所遇到的被测电压波形、频率、幅度、等效内阻各不相同,针对不同的被测电压应采用不同的测量方法。

一、直流电压的测量

电子电路中的直流电压一般分为两大类,一类为直流电源电压,它具有一定的直流电动势 E 和等效内阻R_0,如图 1-17(a) 所示。另一类是直流电路中元器件两端之间的电压差或各点对地的电位,如图 1-17(b) 所示,图中 R_1,R_2,R_3,R_4 可以是任意元器件的直流等效电阻,U_{R_1} 和 U_{R_3} 为元器件两端电压,U_1,U_2 既是对地电位又是元器件 R_2,R_4 两端的电压。

直流电压的测量方法有直接测量法和间接测量法两种。

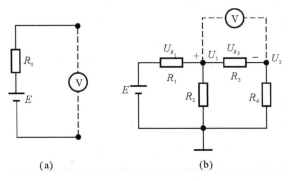

图 1-17　直流电压的两种测量方法示意图

（一）直接测量法

将电压表直接并联在被测支路的两端,如图1-17(a)所示。如果电压表的内阻为无限大,则电压表的示数即是被测两点间的电压值。测量时应注意电压表的极性,它影响到测量值与参考极性之间的关系,也影响模拟式电压表指针的偏转方向。

实际电压表的内阻不可能为无穷大,因此直接测量法必定会影响被测电路,造成测量误差。

（二）间接测量法

间接测量法的测量电路如图1-17(b)所示。若要测量电阻R_3两端的电压差,可以分别测出R_3对地的电位U_1和U_2,然后利用公式$U_{R_3}=U_1-U_2$,求出所要测量的电压值。

下面介绍实际使用的测量方法。

1.用数字万用表测量直流电压

数字直流电压表是数字万用表的基本构成部件。因此,用数字万用表直流电压挡测量直流电压,可直接显示被测直流电压的数值和极性。一般数字万用表直流电压挡的输入电阻可达10 MΩ以上。将数字万用表并接在被测支路两端对被测电路的影响较小,测量精度高。

用数字万用表测量直流电压时,要选择合适的量程,当超出量程时会有"溢出"显示,如显示"1""OL"或"OVER"则表示超出量程、数字溢出。

数字万用表的直流电压挡有一定的分辨力,即能够显示被测试电压的最小变化值。实际上不同的量程挡分辨力不同,一般以最小量程挡的分辨力为数字电压表的分辨力。

2.用模拟式万用表测量直流电压

模拟式万用表的直流电压挡由表头串联分压电阻和并联电阻组成,因而其输入电阻一般不太大,而且各量程挡的内阻也不同。各量程挡内阻R_U=量程×直流电压灵敏度S_U,因此,同一块表量程越大,内阻也越大。在用模拟式万用表测量直流电压时,一定要注意表的内阻对被测电路的影响,否则可能产生较大的测量误差。例如用MF500-B型万用表测量如图1-18所示电路的等效电动势E,MF500-B型万用表的直流电压灵敏度$S_U=20$ kΩ/V,选用10 V量程挡,测量值为7.2 V,理论值为9 V,相对误差达到20%。

引起误差过大的原因,就是所用万用表直流电压挡的内阻R_U与被测电路等效内阻(50 kΩ)相比不够大,此误差是由于测量方法不当所导致的。因此,模拟式万用表的直流电压挡测量电压只适用于被测电路等效内阻很小,或信号源内阻很小的情况。

3.用零示法测量直流电压

为了减小由于模拟式电压表内阻不够大而引起的测量误差,可用如图1-19所示的零示法进行测量。图中E_S为大小可调的标准直流电源,测量时,先将标准电源E_S置最小,电压表置较大量程挡,按如图1-19所示的极性接入电路,然后缓慢调节标准电源E_S的大小,并逐步减小电压表的量程挡,直到电压表在最小量程挡指示为零。此时$E=E_S$,电压表中没有电流流过,电压表的内阻对被测电路无影响。之后断开电路,用电压表测量标准电源E_S的大小,此即为被测E的大小。因为标准直流电源的内阻很小,一般均小于1 Ω,而电压表的内阻一般在kΩ级以上,所以用电压表直接测量标准电源的输出电压,电压表内阻引起的误差完全可以忽略不计。

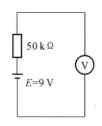

图 1-18　万用表直接测量等效电动势

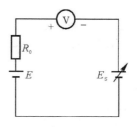

图 1-19　零示法测量直流电压

4.用电压表测量直流电压

为了提高电压表的内阻,可以将磁电式表头加装输入阻抗高、具有一定放大量的电子线路构成电压表。一般采用射随器和放大器等电路提高电压表的输入阻抗和测量灵敏度,这种电压表可在电子电路中测量高电阻电路的电压值。

5.用示波器测量直流电压

用示波器测量电压时,首先应将示波器的垂直偏转灵敏度微调旋钮置于校准挡,否则电压读数不准确。

具体测量步骤如下:

(1)将待测信号送至示波器的垂直输入端。

(2)确定直流电压的极性。将示波器的输入耦合开关置于"GND"挡,调节垂直位移旋钮,将荧光屏上的水平亮线(时基线)移至荧光屏的中央位置,即水平坐标轴上。将垂直灵敏度开关置于适当挡位,并将示波器的输入耦合开关再置于"DC"挡,观察水平亮线的偏转方向。若向上偏转,则被测直流电压为正极性;若向下偏转,则被测直流电压为负极性。

(3)确定零电压线。将示波器的输入耦合开关置于"GND"挡,调节垂直位移旋钮,将荧光屏上的水平亮线(时基线)向与其极性相反的方向移动,置于荧光屏的最顶端或最底端的坐标线上。若被测电压为正极性,就将时基线移至最底端的坐标线上,反之则将时基线移至最顶端的坐标线上,此时基线所在位置即为零电压所在位置,在此后的测量中不能再移动零电压线,即不能再调节垂直位移旋钮。

(4)将示波器的输入耦合开关置于"DC"挡,调整垂直灵敏度开关置于适当挡位,读出此时荧光屏上水平亮线与零电压线之间的垂直距离 Y,如图 1-20 所示。将 Y 乘以示波器的垂直灵敏度 S_Y 即可得到被测电压 U_x 的大小,即 $U_x = S_Y Y$。

6.用微差法测量直流电压

在上述电流电压测量中,都存在测量仪表的分辨力问题。数字电压表的分辨力是末位数字代表的电压值,模拟电压表的分辨力为最小刻度间隔所代表电压值的一半,量程越大,分辨力越低。如 MF500-B 型万用表在 2.5 V 量程挡,分辨力为 0.025 V,10 V 挡的分辨力为0.1 V,电压表不可能测量出比自身分辨力小的电压变化量。

为了准确地测量大电压中的微小变化量,可以用图 1-21 所示的微差法来测量。图中 E_s 为大小可调的标准电源。测量时,调节 E_s 的大小,使电压表在小量程挡(分辨力最高)上有一个微小的读数 ΔU,则 $U_o = E_s + \Delta U$。

当 $\Delta U \ll U_0$ 时,电压表的测量误差对 U_0 的影响极小,且由于电压表中流过的电流很小,对被测电压 U_0 也不会造成大的影响。

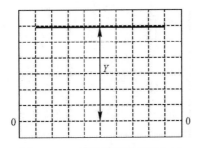

图 1-20　示波器测量直流电压

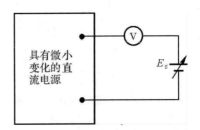

图 1-21　微差法测量直流电压

7.含交流成分的直流电压的测量

因为磁电式表头的偏转系统对电流有平均作用,不能反映纯交流量,所以,对含交流成分直流电压的测量,就是用模拟式电压表直流挡测量。

如果叠加在直流电压上的交流成分具有周期性和幅度对称性,则可直接用模拟式电压表测量其直流电压的大小。

由交流电压信号转换而得到的直流电压信号,如整流滤波后得到的直流电压平均值,以及非简谐波的平均直流分量都可用模拟式电压表测量。

一般不能用数字式万用表测量含有交流成分的直流电压,因为数字式直流电压表要求被测直流电压稳定才能显示数字,否则显示数字将不停地跳变。

二、交流电压的测量

交流电压的测量一般可分为两大类。一类是具有一定内阻的交流信号源电压的测量,如图 1-22(a)所示;另一类是电路中任意两点间交流电压的测量,如图 1-22(b)所示电路中的 U_1,U_2。用间接测量法求出电路中任意两点间交流电压时,要注意所求电压值应由矢量差求出,例如求 U_{R_3} 电压,则 $U_{R_3} = U_1 - U_2$,只有当 U_1 和 U_2 同相位时,才能用代数差求出 U_{R_3} 的值。

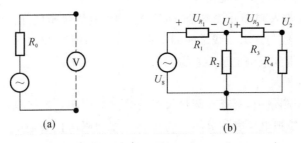

图 1-22　两种交流电压

(一)交流电压的表征

在时间域中,交流电压的变化规律是各种各样的,有按正弦规律变化的正弦波、线性变化的三角波、跳跃变化的方波、随机变化的噪声波等。但无论变化规律多么不同,交流电压的大小均可用峰值(或峰峰值)、平均值、有效值、波形因数和波峰因数等来表征。

1.峰值 U_P

峰值是任意一个交变电压在所观察时间或一个周期内所能达到的最大值,记为 U_P。图1-23 所示的峰值是从参考零电平开始计算的,有正峰值和负峰值之分。正峰值与负峰值之差称为峰峰值 U_{PP}。

常用的还有振幅 U_m,它是以直流电压为参考电平计算的。因此,当电压中包含直流成分时, U_P 与 U_m 是不相同的,只有纯交流电压才有 $U_P = U_m$。

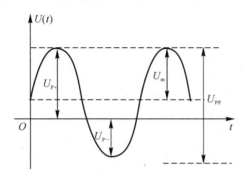

图 1-23　交流电压的峰值与其幅度

2.平均值 $\overline{U}$

平均值 $\overline{U}$ 在数学上的定义为

$$\overline{U} = \frac{1}{T}\int_0^T U(t)\,\mathrm{d}t$$

原则上,求平均值的时间为任意时间,对周期信号而言, T 为信号周期。

根据以上的定义,若包含直流成分 U,则 $\overline{U} = U$;若仅含有交流成分,则 $\overline{U} = 0$。这样对纯粹的交流电压来说,由于 $\overline{U} = 0$,将无法用平均值 $\overline{U}$ 来表征它的大小。但在实际测量中,总是将交流电压通过检波器变换成直流电压后再进行测量的,因此平均值通常是指检波后的平均值。

根据测量仪器中检波器的不同,检波后的平均值可分为全波平均值和半波平均值,一般不加特别说明时,平均值均指全波平均值,即

$$\overline{U} = \frac{1}{T}\int_0^T |u(t)|\,\mathrm{d}t$$

3.有效值 U

一个交流电压和一个直流电压分别加在同一电阻上,若它们产生的热量相等,则交流电压的有效值 U 等于该直流电压值,即

$$U = \sqrt{\frac{1}{T}\int_0^T u^2(t)\,\mathrm{d}t}$$

作为交流电压的一个参数,有效值比峰值、平均值用得更为普遍,当不特别指明时,交流电压的量值均指有效值,各类交流电压表的示值,除特殊情况外,都是按正弦波的有效值来标示刻度的。

4. 波形因数 K_F

电压的有效值与平均值之比称为波形因数 K_F，即

$$K_F = \frac{U}{\overline{U}}$$

5. 波峰因数 K_P

交流电压的峰值与有效值之比称为波峰因数 K_P，即

$$K_P = \frac{U_P}{U}$$

表 1-8 给出了几种典型的交流电压波形的参数。

表 1-8　几种典型的交流电压波形的参数

序号	名称	波形图	波形因数 K_F	波峰因数 K_P	有效值	平均值
1	正弦波		1.11	1.414	$U_P/\sqrt{2}$	$\dfrac{2}{\pi}U_P$
2	半波整流		1.57	2	$U_P/\sqrt{2}$	$\dfrac{1}{\pi}U_P$
3	全波整流		1.11	1.414	$U_P/\sqrt{2}$	$\dfrac{2}{\pi}U_P$
4	三角波		1.15	1.73	$U_P/\sqrt{3}$	$U_P/2$
5	锯齿波		1.15	1.73	$U_P/\sqrt{3}$	$U_P/\sqrt{2}$
6	方波		1	1	U_P	U_P
7	梯形波		$\dfrac{\sqrt{1-\dfrac{4\varphi}{3\pi}}}{1-\dfrac{\varphi}{\pi}}$	$\dfrac{1}{\sqrt{1-\dfrac{4\varphi}{3\pi}}}$	$\sqrt{1-\dfrac{4\varphi}{3\pi}}\,U_P$	$\left(1-\dfrac{\varphi}{\pi}\right)U_P$
8	脉冲波		$\sqrt{\dfrac{T}{t_m}}$	$\sqrt{\dfrac{T}{t_m}}$	$\sqrt{\dfrac{t_m}{T}}\,U_P$	$\dfrac{t_m}{T}U_P$
9	隔直脉冲波		$\sqrt{\dfrac{T-t_m}{t_m}}$	$\sqrt{\dfrac{T-t_m}{t_m}}$	$\sqrt{\dfrac{t_m}{T-t_m}}\,U_P$	$\sqrt{\dfrac{t_m}{T-t_m}}\,U_P$

续表

序号	名称	波形图	波形因数 K_F	波峰因数 K_P	有效值	平均值
10	白噪声		1.25	3	$\dfrac{1}{3}U_P$	$\dfrac{1}{3.75}U_P$

(二) 交流电压的测量

测量交流电压的常用方法有电压表法和示波器法。

1.用交流电压表测量交流电压

测量交流电压信号大小的仪表统称交流电压表。交流电压表分为模拟式与数字式两大类,无论是用模拟式还是数字式交流电压表测量交流电压,都要先将交流电压经过检波器转换成直流电压后再进行测量。

(1)用模拟式万用表测量交流电压。模拟式万用表测量交流电压的原理:被测交流电压首先通过其内部的检波器转换成直流电压,然后推动磁电式微安级电流表头,由表头指针指示出被测交流电压的大小。因此这种表的内阻较低,且各量程的内阻不同,各量程挡位的内阻为

$$R_U = 量程 \times 交流电压灵敏度\ S_U$$

用模拟式万用表测量时,应注意其内阻对被测电路的影响。模拟式万用表测量交流电压的频率范围较小,一般只能测量频率在 1 kHz 以下的交流电压。

它的优点是,由于模拟式万用表的公共端与其外壳绝缘胶体无关,与被测电路无共同机壳接地问题,因此,可以用它直接测量两点之间的交流电压。

(2)用数字式万用表测量交流电压。数字式万用表测量交流电压的原理:被测交流电压经检波后形成直流电压,再经 A/D 变换器变换成数字量,然后用计数器计数,以十进制方式显示被测电压值。

与模拟式万用表交流电压挡相比,数字式万用表的交流电压挡输入阻抗高,对被测电路的影响小,如 DT9205 型数字万用表的交流电压挡的输入阻抗为 10 MΩ(在 40～400 Hz 的测量频率范围内),但它同样存在测量频率范围小的缺点,如 DT9205 型数字万用表的测量交流电压频率范围为 40～400 Hz。

(3)用模拟式电压表测量交流电压。模拟式电压表是一种常用的电子测量仪器,实验室中常用的晶体管毫伏级电压表就是模拟式电子电压表的一种。它将被测信号经放大后再检波(或先将被测信号检波后再放大)变换成直流电压,推动微安级电流表头,由表头指针指示出被测电压的大小。这类电压表的输入阻抗较高,量程范围和测量交流电压的频率范围较宽。如 TH2172 型晶体管交流毫伏级电压表的输入电阻大于 8 MΩ,输入电容小于 45 pF,量程为 1 mV～300 V,测量电压的频率范围是 5 Hz～2 MHz。

一般模拟式电子电压表的金属机壳为接地端,另一端为被测信号输入端。因此这种表一般只能测量电路中各点对地的交流电压,不能直接测量任意两点间的电压。

通常,模拟式电压表的表盘刻度都是按正弦波的有效值刻度的。因此,用它来测量正弦

波形的电压时,可以由表盘直接读取电压有效值。但若用它测量非正弦电压,则不能直接读数,需根据表内检波器的检波方式和被测波形的性质将读数乘上一个换算系数,这样才能得到被测非正弦波的电压有效值。

2.用示波器测量交流电压

用示波器测量交流电压具有以下优点。

(1)速度快。由于被测电压的波形可以立即显示在屏幕上,故消除了表头的惰性。

(2)能测量各种波形的电压。电压表一般只能测量失真很小的正弦电压,而示波器不仅能测量失真很大的正弦电压,还能测量脉冲电压、已调幅电压等。

(3)能测量瞬时电压。电压表由于存在惰性,因此只能测出周期信号的有效值电压(或峰值电压),而不能反映被测信号幅度的快速变化。示波器惰性很小,因此,它不但能测量周期信号峰值电压,还能观测信号幅度的变化情况,甚至测量出单次出现的信号电压。此外,它还能测量被测信号的瞬时电压和波形上任意两点间的电压差。

(4)能同时测量直流电压和交流电压。在测量过程中,电压表一般不能同时测出被测电压的直流分量和交流分量。

用示波器测量电压的主要缺点是误差较大,一般达 5% ～ 10%。将现代数字电压测量技术应用于示波器,误差可减小到 1% 以下。另外,当用示波器测量交流电压时,读得的是交流电压最大值或峰峰值,要得到有效值还须进行换算。

用示波器可以方便地测出振荡电路、信号发生器或其他电子设备输出的交流电压值,所测交流电压包括正弦波、三角波、矩形波和方波等。

使用时应注意,交流信号的频率不得超过示波器频带宽度的上限。

用示波器测量交流电压的具体步骤如下。

(1)将被测信号送至示波器垂直输入端。

(2)输入耦合开关置于"AC"位置。

(3)调整垂直灵敏度开关于适当位置,相应的微调旋钮顺时针旋到头(校正位置时注意屏幕上所显示的波形不要超出垂直有效范围)。

(4)分别调整水平扫描速度开关和触发同步系统的有关开关,使屏幕上能稳定显示 1 ～ 2 个完整的周期波形。

(5)被测信号电压的峰峰值为波形在垂直方向的偏移距离乘以垂直灵敏度开关 S_Y 的指示数。例如,在图 1-24 中,对波形 A 所示的正弦波和波形 B 所示的三角波,灵敏度开关相应为 2 V/div 和 5 V/div,则 A,B 波形的电压峰峰值 U_{PP} 为

A:$$U_{PP} = 4 \text{ div} \times 2 \text{ V/div} = 8 \text{ V}$$

B:$$U_{PP} = 6 \text{ div} \times 5 \text{ V/div} = 30 \text{ V}$$

通常,正弦交流电压用有效值 U 来表示,即

$$U = \frac{U_{PP}}{2\sqrt{2}}$$

对于图 1-24 中所示波形"A",其电压有效值为

$$U = \frac{U_{PP}}{2\sqrt{2}} = \frac{8}{2\sqrt{2}} = 2.828 \text{ V}$$

对于三角波或其他非正弦波电压,只能用 U_{PP} 来表示。

(6) 在上例中,测量时若测量探头采用 10：1 探头,则测量结果必须再乘以 10,即

A： $$U_{PP} = 4 \ \text{div} \times 2 \ \text{V/div} \times 10 = 80 \ \text{V}$$

B： $$U_{PP} = 6 \ \text{div} \times 5 \ \text{V/div} \times 10 = 300 \ \text{V}$$

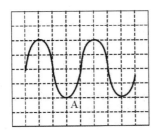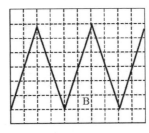

图 1-24　示波器直接测量法测量交流电压

第二节　电流的测量

一、直流电流的测量

在电子电路中,直流电流的测量一般可采用直接测量法和间接测量法两种方法。直接测量法就是将直流电流表串联在被测支路中进行测量,电流表的示数即为测量结果。间接测量法利用欧姆定律,通过测量电阻两端的电压来换算出被测的电流值。

(一) 用模拟式万用表测量直流电流

模拟式万用表的直流电流挡一般由磁电式微安级电流表头并联分流电阻而构成,量程的扩大通过并联不同的分流电阻来实现。这种电流表的内阻随量程的大小而不同,量程越大,内阻越小。

用模拟式万用表测量直流电流时,把万用表串联在被测电路中,因此表的内阻可能影响电路的工作状态,使测量结果出错,也可能由于量程不当而烧坏万用表,故使用时一定要小心。

(二) 用数字式万用表测量直流电流

数字式万用表直流电流挡的基础是数字式电压表,它通过电流-电压转换电路,使被测电流流过标准电阻,把电流转换成电压后进行测量。

如图 1-25 所示,因为运算放大器的输入阻抗很高,所以可以认为被测电流 I_E 全部流经标准采样电阻 R_N,这样 R_N 上的电压与被测电流 I_E 成正比,经放大器放大后输出电压 $U_o = (1 + R_3/R_2) \times I_E R_N$ 就可以作为数字式电压表的输入电压来进行测量。

数字式万用表直流电流挡的量程切换,是通过切换不同的取样电阻 R_N 来实现的。量程越小,取样电阻越大,当数字式万用表串联在被测电路中时,取样电阻的阻值会对被测电

路的工作状态产生一定的影响,在使用时应注意。

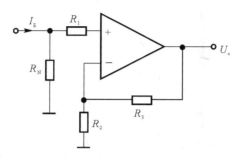

图 1 - 25   电流-电压转换电路

(三)用并联法测量直流电流

将电流表串联在被测电路中测量电流是电流表的使用常识,但是作为一个特例,当被测电流是一个恒流源,而电流表的内阻又远小于被测电路中某一串联电阻时,电流表可以并接在这个电阻上测量电流,此时电路中的电流绝大部分流过电阻小的电流表,而恒流源的电流是不会因外接电阻的减小而改变的。如图 1 - 26 所示电路,要测量晶体管三极管的集电极电流,若 R_C 比电流表内阻大得多,且集电极电流表的接入对集电极电流的影响很小,则电流表的测量值几乎为集电极电流。在进行这种不规范的测量时,概念一定要明确,分析要正确,思想要集中,否则会造成电路或电流表的损坏。

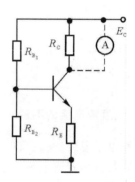

图 1 - 26   并联法测量
恒流源电流

(四)用间接测量法测量直流电流

电流的直接测量法要求断开回路后再将电流表串联接入,往往比较麻烦,容易造成损坏。当被测支路内有一定电阻 R 时,可以测量电阻 R 两端的直流电压降,然后根据欧姆定律求出被测电流 $I = U/R$,电阻 R 一般称为电流取样电阻。

当被测支路无电阻时,也可以在被测电路中串入一个取样电阻来进行间接测量。取样电阻的取值原则是对被测电路的影响越小越好,一般在 $1 \sim 10\ \Omega$ 之间,最大不超过 $100\ \Omega$。

二、交流电流的测量

按电路工作频率,交流电流可分为低频、高频和超高频电流。在超高频段,电路或元件受分布参数的影响,电流分布是不均匀的,无法用电流表来测量各处的电流值。只有在低频($45 \sim 500\ Hz$)电流的测量中,才可用交流电流表或具有交流电流测量挡的普通万用表及数字万用表串联在被测电路中进行交流电流的直接测量。而一般交流电流的测量都采取间接测量法,即先用交流电压表测出电压后,再用欧姆定律换算成电流。

用间接法测量交流电流的方法与用间接法测量直流电流的方法相同,但是对取样电阻有以下的要求：

(1) 当电路工作频率在 20 kHz 以上时，就不能选用普通线绕电阻作为取样电阻，高频时应使用薄膜电阻。

(2) 由于一般电子仪器都有一个公共接地端，在测量中必须将所有的接地端连在一起，即必须共地，因此取样电阻要安排连接在接地端，在 LC 振荡电路中，要安排在低阻抗端。

这种利用取样电阻的间接测量法，不仅将交流电流的测量转换成交流电压的测量，使得可以利用一切测量交流电压的方法来完成交流电流的测量，还可以利用示波器观察电路中电压和电流的相位关系。

第三节　　电平的测量

(一) 电平的概念

所谓"电平"是指两功率或电压之比的对数，有时也可用来表示两电流之比的对数。电平的单位分贝用 dB 表示。常用的电平有功率电平和电压电平两类，它们各自又可分为绝对电平和相对电平两种。

1.绝对功率电平 L_P

以 600 Ω 电阻上消耗 1 mW 的功率作为基准功率 P_O，任意功率与之相比的对数称为绝对功率电平，即

$$L_P = 10 \lg \frac{P_X}{P_O} (\text{dB})$$

式中：P_X 为任意功率。

2.相对功率电平 L_P

任意两功率之比的对数称为相对功率电平，即

$$L'_P = 10 \lg \frac{P_A}{P_B} (\text{dB})$$

3.相对功率电平与绝对功率电平之间的关系

$$L'_P = 10 \lg \frac{P_A}{P_B} = 10 \lg \left(\frac{P_A}{P_O} \times \frac{P_O}{P_B} \right) = L_{PA} - L_{PB}$$

即相对功率电平是两绝对功率电平之差。

4.绝对电压电平 L_U

当 600 Ω 电阻上消耗 1 mW 的功率时，600 Ω 电阻两端的电位差为 0.775 V，此电位差称为基准电压。任意两点间电压与基准电压之比的对数称为该电压的绝对电压电平，即

$$L_U = 20 \lg \frac{U_X}{0.775} (\text{dB})$$

式中：U_X 为任意两点间的电压。

电平表和交流电压表上 dB 刻度线都是按绝对电压电平标志刻度的。

5.相对电压电平 L'_U

任意两电压之比的对数称为相对电压电平，即

$$L'_U = 20\lg \frac{U_A}{U_B}(\text{dB})$$

6.相对电压电平与绝对电压电平的关系

$$L'_U = 20\lg \frac{U_A}{U_B} = 20\lg \left(\frac{P_A}{0.775} \times \frac{0.775}{P_B} \right) = L_{UA} - L_{UB}$$

即相对电压电平是绝对电压电平之差。

7.绝对电压电平与绝对功率电平的关系

$$L_P = 10\lg \frac{P_X}{P_O} = 10\lg \left(\frac{U_X^2}{R_X} \times \frac{600}{0.775^2} \right) = 10\lg \left(\frac{U_X}{0.775} \right)^2 + 10\lg \frac{600}{R_X} = L_U + 10\lg \frac{600}{R_X}$$

由上式可见,当 $R_X = 600\ \Omega$ 时,电阻 R_X 的绝对功率电平等于它的绝对电压电平,而当 $R_X \neq 600\ \Omega$ 时,电阻 R_X 的绝对功率电平不等于它的绝对电压电平,相差 $10\lg(600/R_X)$。

应特别注意,这里所指的电平与数字电路中所说的电平是完全不同的。在数字电路中只有 0 和 1 两个数字量,其对应的低电位和高电位也称为低电平和高电平。

(二) 电平与电压的关系

从电压电平的定义就可以看出电平与电压之间的关系,电平的测量实际上也是电压的测量,只是刻度不同而已,任何电压表都可以成为一个测量电压电平的电平表,只要表盘按电平刻度标志即可,在此要注意的是电平刻度是以 1 mW 功率消耗于 600 Ω 电阻为零分贝进行计算的,即 0 dB = 0.775 V。

电平量程的扩大实质上也是电压量程的扩大,只不过由于电平与电压之间是对数关系,因而电压量程扩大 N 倍时,由电平定义可知

$$L_U = 20\lg \frac{NU_X}{0.775} = 20\lg \frac{U_X}{0.775} + 20\lg N(\text{dB})$$

即电平增加 $20\lg N(\text{dB})$。

由此可知,电平量程的扩大可以通过相应的交流电压表量程的扩大来实现,其测量值应为表头指针示数再加一个附加分贝值(或量程分贝值)。附加分贝值的大小由电压量程的扩大倍数来决定。例如,TH2172 型晶体管交流毫伏级电压表有两条分贝刻度线,即交流 1 V(0 dB = 1 V)和交流 0.775 V(0 dB = 0.775 V)电压。当量程扩大为 3 V,10 V,30 V,100 V,300 V 时,附加分贝值分别为 10 dB,20 dB,30 dB,40 dB 和 50 dB。

在此要特别指出:一般交流电压表都是按简谐波的有效值标志刻度的,因此用这样的电压表测量非简谐波时,表的示数不能被认为是被测非简谐波的电平量。

第四节　信号波形基本参数的测量

信号波形是指电信号的大小随时间变化的图形,是电参数作为时间的函数所呈现出的图形。在电子测量中,大都把电参数转换成电压信号后再对电压波形进行参数测量。电压波形的参数很多,有频率、周期、相位、失真度、调制度等。参数不同,测试方法不同,所用仪

器也各不相同,因而涉及的内容极其广泛。本节作为电子电路实验的基础知识,仅介绍利用常用电子仪器对电压波形基本参数进行测量的原理和方法。

一、时间的测量

时间有两个含义,一是指"时刻",即事件在何时发生;二是指两时刻之间的间隔,即事件持续多久。

时间的测量在科学技术的各个领域都是十分重要的。在此仅就电子技术应用中经常遇到的周期、脉冲波形下降时间、时间间隔的测量方法作以介绍。

(一) 周期的测量

周期现象是自然界普遍存在的,它是指经过相同时间间隔就出现相同状态的现象。出现相同状态的最小时间间隔称为周期 T。

1.用计数法测量周期

计数法测量周期的原理如图 1-27 所示。被测信号经放大整形后变成方波脉冲,此方波脉冲控制门控电路,使主门开放时间等于被测信号周期 T_X,由晶体振荡器(或经分频电路)输出周期为 T_S 的时标脉冲并在主门开放时间进入计数器。这种测量方法将被测信号周期 T_X 与时标 T_S 进行比较,若在 T_X 期间内,计数器的计数值为 N,则 $T_X = NT_S$。

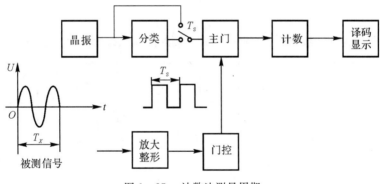

图 1-27　计数法测量周期

2.用示波器法测量周期

由示波器的工作原理可知,在示波器处于 $X\text{-}T$ 工作方式时,示波器荧光屏上的 X 轴是时间轴,因而用示波器来测量时间是十分方便的。

用示波器测量时间时,首先应将示波器的扫描速度微调旋钮置"校准"位置,否则时间读数将不准确。

用示波器测量周期时,将被测信号接到示波器垂直输入端,调节垂直灵敏度和扫描速度旋钮,使显示波形的高度和宽度均较合适。选择被测波形一个周期的起点和终点,并将它们移到刻度线上以便读数,如图 1-28 所示,读出信号一个周期在荧光屏水平方向所占的距离 x_r 和扫描速度旋钮所指的值 S_X,则被测信号周期为

$$T = S_X x_r$$

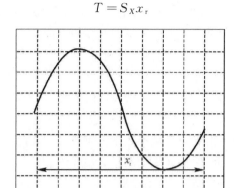

图 1-28　示波器法测量周期

(二) 时间间隔的测量

时间间隔包括同一信号中任意两点间的时间差(如脉冲宽度、脉冲上升或下降时间等)和两信号之间的时间差(如脉冲的时间间隔等)。下面介绍它们的测量方法。

1.用示波器测量时间间隔和脉冲宽度

用示波器测量同一信号中任意两点 A 与 B 时间间隔的测量方法与周期的测量方法相同,如图 1-29(a) 所示。

$$t_{AB} = S_X x_{AB}$$

若 A,B 分别为脉冲波前、后沿的中点,则所测时间间隔即为脉冲宽度[见图 1-29(b)]。

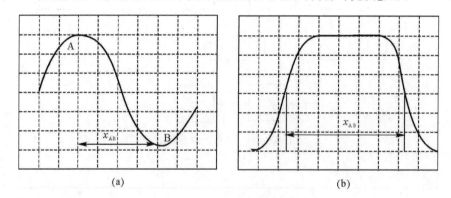

(a)　　　　　　　　　　　　　(b)

图 1-29　时间间隔测量

2.用示波器测量脉冲上升(或下降)时间

由于示波器内设有延迟线,因此采用内触发方式能很方便地测出脉冲波形的上升和下降时间。测量时,将被测信号送到示波器垂直输入端,调节各旋钮,使波形处于最佳的观测长度,调节触发电平及水平位移旋钮,读出波形显示幅度 10% 上、下两点(A 点和 B 点)水平距离 x_{AB},计算出被测脉冲的上升时间,如图 1-30 所示。

但应注意的是,示波器垂直通道本身存在固有的上升时间,这对测量结果有影响。当被测脉冲的上升(或下降)时间比示波器上升时间大 3 倍以上时,被测脉冲的上升(或下降)时

间可以由上面的方法直接测得,否则应按下式计算求得脉冲的上升(或下降)时间:

$$t_r = \sqrt{t^2 - t_S^2}$$

式中:t_r 为被测脉冲实际上升(或下降)时间;t 为计算得到的上升(或下降)时间;t_S 为示波器本身的上升时间。

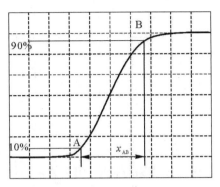

图 1-30　用示波器测量脉冲上升(或下降)时间

3.计数法测量脉冲时间间隔

计数法测量脉冲时间间隔与测量周期的原理相同,只是控制主门开放的时间不再是被测信号的周期,而是由两个被测脉冲的时间间隔决定的。

测量原理如图1-31所示。将两个脉冲信号分别加到门控电路输入端,超前的脉冲首先触发门控电路,使主门打开,滞后的脉冲将门控电路反转,使主门关闭,这样主门开放的时间正好等于两个被测脉冲的时间间隔 t_o,若在此时间内通过主门的时标 T_S 的个数为 N,则 $t_o = NT_S$,这样用显示器即可显示出测量结果。

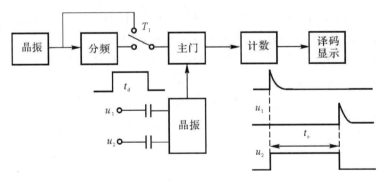

图 1-31　计数法测量脉冲时间间隔

4.用示波器测量两信号的时间差

用双踪示波器可以测量两信号的时间差。将被测的两个信号分别输入两个通道,采用双踪显示方式,调节相关旋钮使波形显示稳定且有合适的长度,然后将被测部分的起始点移到荧光屏左端的某一刻度线上,读出两被测信号起始点间的水平距离 x_{AB},按式 $t_{AB} = S_x x_{AB}$ 计算,即可得到两个被测信号的时间差,如图1-32所示。

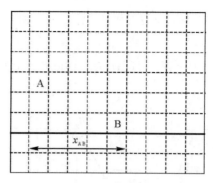

图 1-32 用示波器测量两信号的时间差

二、频率的测量

信号在单位时间内重复变化的次数称为频率,用 f 表示,重复变化一次所需要的时间称为周期,用 T 表示。频率和周期之间互为倒数关系,即 $f = 1/T$。

频率的测量准确度,在电参量测量中是最高的,常把其他电参量转换成频率参量进行测量,以便提高测量准确度。因此,频率的测量非常重要。

(一)示波器法测量频率

由于信号的频率与周期是倒数关系,因此可以用前面介绍的方法,先测得信号的周期,再求其倒数得到信号的频率。这种测量方法虽然精度不太高,但很方便,常用作频率的粗略测量。

(二)计数法测量频率

计数法测量频率是严格按照频率的定义进行测量的,它是在某个已知标准时间间隔 T_s 内,测出被测信号重复出现的次数 N,然后计算出频率的,即 $f = N/T_s$。

目前广泛使用数字式频率计,它的测试原理如图 1-33 所示。石英晶体振荡器产生高稳定的振荡信号,经分频后产生准确的时间间隔 T_s,用这个 T_s 作为门控信号去控制主门的开启时间。被测信号经过放大整形后,变换成方波脉冲,在主门开启时间 T_s 内通过主门,由计数器对通过主门的方波脉冲个数进行计数。若在时间间隔 T_s 内计数值为 N,则被测信号的频率 $f = N/T_s$,由译码显示电路将测量结果显示出来。

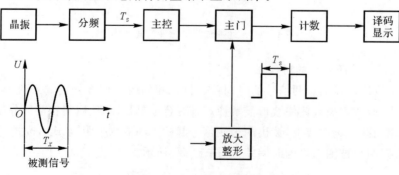

图 1-33 计数法测量频率

三、相位的测量

相位测量是指两个同频率正弦信号之间的相位差测量。

相位差的测量方法很多，用示波器测量相位差较方便，但准确度较低。下面介绍两种常用的示波器测量法。

(一) 示波器法测量相位差

利用示波器的多波形显示，是测量相位差的最直观、最简便的方法，而且适用于所有的频率信号，尤其适用于测量电路内部的固有相移。

测量方法是：利用双踪示波器，将两个信号 $u_1(t)$，$u_2(t)$ 分别接到示波器的两个通道。示波器的显示方式置"双路"，示波器的"同步触发信号源"选择两个被测信号之一，最好选其中幅度较大的那一个。调节有关旋钮，使荧光屏上显示两条大小适中的稳定波形，如图 1-34 所示。用荧光屏上的坐标测出信号一个周期在水平方向所占的长度 x_T（正弦波变化一个周期相当于 360°），然后再测出两波形上对应点（如过零点或者峰值点等）之间的水平距离 x，则相位差为

$$\Delta\varphi = \frac{x}{x_T} \times 360°$$

最后确定相位差的符号，从图 1-34 可以看到，$u_2(t)$ 滞后于 $u_1(t)$ 90°，则 $\Delta\varphi = \varphi_2 - \varphi_1$ 为负。

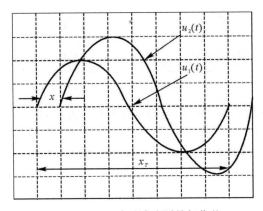

图 1-34　双踪示波法测量相位差

(二) 脉冲计数法测量相位差

目前广泛使用的是直读式数字相位计，其原理如图 1-35 所示。被测电压信号 u_1，u_2 分别经过过零比较器 1 和 2，使得信号由负到正通过零点时产生一个脉冲信号，由这两个脉冲信号控制 RS 触发器的工作状态，使 RS 触发器给出一个脉冲宽度等于两个被测信号之间时延 τ 的矩形波，如图 1-36 所示，用这个矩形波作为与门的门控信号，控制标准脉冲的个数，由计数器记录通过与门的标准脉冲数。

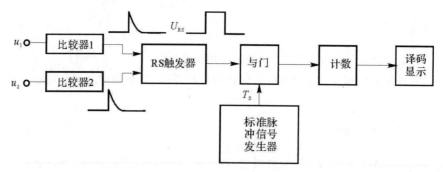

图 1－35　脉冲计数法测量相位差

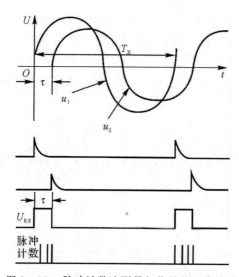

图 1－36　脉冲计数法测量相位差的工作波形

设标准脉冲周期为 T_s，并以与门开启 1 s 作为计时标准，即与门开通 1 s 相当于两信号的相位差为 $360°$，此时，计数器的计数值应为 $1/T_s$。若两被测信号的周期为 T_X，则被测信号一个周期内与门开通的时间为两被测信号之间的时延 τ，那么 1 s 内与门开通的总时间为

$$\Delta t = \frac{1}{T_X}\tau$$

而 1 s 内计数器的计数值 N 为

$$N = \frac{\Delta t}{T_s} = \frac{\tau}{T_X T_s}$$

则两被测信号间的时延 τ 为

$$\tau = N T_X T_s$$

则两被测信号间的相位差 $\Delta\varphi$ 为

$$\Delta\varphi = \frac{\tau}{T_X} \times 360° = N T_s \times 360°$$

相位差 $\Delta\varphi$ 的测量结果将通过译码显示电路显示出来。

第四章 常用电子仪器仪表的使用方法

第一节 万用表的原理与使用

万用表是一种最常用的测量仪表,以测量电压、电流和电阻三大参量为主,因此也称为三用表。有些万用表还可以用于测量交流电流、交流电压、电容、电感及半导体三极管的直流电流放大倍数等。

万用表的种类很多,根据测量结果的显示方式不同,可分为模拟式(指针式)和数字式两大类,其结构特点都是用一块表头(模拟式)或一块液晶显示器(数字式)来指示测量值,用转换器件、转换开关来实现各种不同测量目的的转换。

一、模拟式万用表

模拟式万用表的测量过程是通过一定的测量电路,先将被测电量转换成电流信号,再由电流信号去驱动磁电式表头指针的偏转,在刻度尺上指示出被测量的大小。测量过程如图1-37所示。由图可见,模拟式万用表是在磁电式微安级电流表头的基础上扩展而成的。

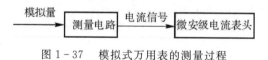

图 1-37 模拟式万用表的测量过程

(一)磁电式微安级电流表头

模拟式万用表的核心部件是磁电式微安级电流表头。磁电式表头利用磁场中通电线圈受磁场力作用而转动的原理工作,利用线圈的转动带动固定在线圈上的指针转动而指示流过线圈的电流大小。

磁电式表头由固定和可动两部分组成。磁电式表头的固定部分由永久磁铁、N极和S极极掌、固定在极掌中间的圆柱形铁芯、机械零位调节器和表盘组成。机械零点调节器的作用是当线圈没有电流流过时,指针若不指在表盘刻度尺的零位,可人工转动零位调节器,使指针转至零位。可动部分由绕在铝框上的线圈、前后半轴、两个螺旋弹簧和指针组成。

被测量的大小通过磁电式表头指针的偏转角度来指示。磁电式表头指针的偏转角度主要是由以下力矩决定的。

1.转动力矩

转动力矩是通电线圈受磁场力作用而产生的。当线圈通过电流时,线圈在均匀磁场中就会受到磁场力的作用,根据左手定则可以确定力的方向,即与线圈平面相垂直并产生在线圈两边。这两个大小相等、方向相反的力对线圈形成转动力矩,使线圈发生转动。转动力矩的大小可由下式计算:

$$M = Fb$$

式中:F 为线圈两边分别承受的力;b 为线圈的宽度。

2.反抗力矩

反抗力矩是由螺旋弹簧产生的,当线圈受转动力矩的作用而旋转时,被拉紧的螺旋弹簧产生反抗力矩。当反抗力矩与转动力矩相等时,指针就停止在某一位置上,形成一个偏转角。偏转角越大,反抗力矩也越大,其数值由下式决定:

$$M_a = \omega\alpha$$

式中:M_a 为反抗力矩;ω 为弹簧的弹性系数;α 为指针偏转角度。

当指针在某一位置停止转动时,说明旋转力矩与反抗力矩大小相等、方向相反,即

$$M_a = M$$

3.阻尼力矩

阻尼力矩是由转动的铝框受到磁场力作用而产生的。因为线圈转动而带动铝框一起转动,穿过铝框的磁通发生变化,从而产生感应电流。这个感应电流方向始终与线圈中流过的电流的方向相反,因而感应电流在磁场中产生的力矩也始终与转动力矩方向相反,称为阻尼力矩。阻尼力矩减小了,指针因为惯性作用而来回摆动的幅度,使指针很快停止在平衡位置上。当指针停止在平衡位置时,阻尼力矩等于零。因此,阻尼力矩不影响指针的偏转角,只会缩短指针摆动时间。

4.摩擦力矩

摩擦力矩是线圈转动时,转轴与轴承之间产生的阻力矩,该力矩影响指针的指示偏差。因为摩擦力矩的方向永远与运动方向相反,所以偏差可正可负,且摩擦力矩越大,偏差也越大,测量误差也就越大。为了提高仪表的准确度,通常转轴和轴承的材料都选用优质、耐磨的合金材料,并经仔细研磨加工而成。

(二) 表头参数及其测量方法

磁电式表头是一种直流式检流计,它具有两个重要的参数,即表头灵敏度与表头内阻。这两个参数既是决定仪表准确度的重要依据,也是设计万用表的重要依据。

1.表头灵敏度及其测量方法

表头灵敏度是指表头指针满偏时,流过表头线圈的电流量,用字母 I_g 表示。I_g 越小,说明表头灵敏度越高,即表头线圈流过较小的电流,指针就会产生较大的偏转。一般微安级电流表头的灵敏度在 $100\ \mu A$ 以下。

表头灵敏度的测量方法如图1-38所示。测量时,首先将待测表头与标准微安电流表及限流电阻 R_0,R_P(可变电阻器)串接在一起,连接到直流稳压电源上,分别调整电路输入电压 U 与 R_P,使被测表头指示达到满偏,然后读出标准微安电流表的读数,即被测表头灵敏度

I_g。标准微安级电流表的准确度应比被测表头的准确度高,量程应大于或等于被测表头的量程。

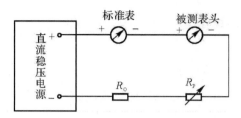

图 1-38 表头灵敏度的测量

2.表头内阻及其测量方法

表头内阻是指表头线圈和前后两个螺旋弹簧的直流电阻之和,记作 R_g。因为弹簧的直流电阻远小于线圈电阻,所以可认为 R_g 近似等于线圈电阻。一般微安级电流表头的表头内阻为几百欧。

常用的表头内阻测量方法有以下两种:

(1) 半偏法。测量电路如图 1-39 所示。图中 R 是一个大小可调的标准电阻箱,R_g 为被测表头内阻。调节直流稳压电源 U_S 和电阻箱 R 的大小,使待测表头的电流指示达最大值 I_g(满偏),记此时电阻箱的阻值为 R_1,电压表读数为 U_O,则满偏电流为

$$I_g = U_O/(R_1 + R_g)$$

U_O 保持不变,调节可变电阻箱的阻值,使被测表头的电流指示为 $I_g/2$(半偏),记此时电阻箱阻值为 R_2,则

$$I_g/2 = U_O/(R_2 + R_g)$$

可得表头内阻 R_g 为

$$R_g = R_2 - 2R_1$$

(2) 定值偏转法。测量电路如图 1-40 所示。图中,R,R_N 均为标准电阻箱,R_g 为被测表头内阻,在没有合上开关 K 时,与半偏法相同,先调节电源 U_S 和可变电阻 R,使待测表头的电流指示为最大值 I_g(满偏),然后合上开关 K(在合上开关前,R_N 阻值尽量取小一些),调节电阻箱 R,使其阻值为原阻值 R_1 的一半,记为 R_2,即 $R_2 = \dfrac{1}{2}R_1$。再调节 R_N,使表头的电流指示仍为满偏 I_g,并保持电源电压为 U_O 不变;此时 I_g 与电源电压、可变电阻的关系为

$$I_g = \frac{U_O}{R_2 + R_g // R_N} \times \frac{R_N}{R_g + R_N}$$

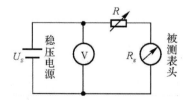

图 1-39 半偏法测量表头内阻

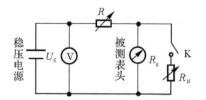

图 1-40 定值偏转法测量表头内阻

可得表头内阻 R_g 为

$$R_g = R_N$$

(三) 直流电流表的基本原理

1. 单量程电流表

一个磁电式表头就是一个电流表,只不过它的量程为 I_g (一般为几微安到几十微安),若要测较大的电流,根据并联电阻可以分流的原理,在表头两端并联一个适当阻值、适当功耗的电阻即可,如图 1-41 所示。其中 R_S 为分流电阻,阻值的大小可用下式计算:

$$R_S = R_g / (n-1)$$

式中: $n = I / I_g$ 称为分流系数,它表示表头量程扩大的倍数。当 R_S 为定值时,被测电流 I 与流过表头的电流大小成一定的比例关系,因此表头指针的偏转角可以反映被测电流的大小。

2. 多量程电流表

在实际中,往往把电流表设计成多量程的,即在表头两端并联上不同阻值的电阻,由转换开关接入电路。从保护表头的安全因素出发,各分流器与表头接成闭路式的,称为"环形分流器",电路如图 1-42 所示。此电流表有三挡量程,分别为 I_1, I_2 和 I_3。I_1 量程的分流器为 R_1。I_2 量程的分流器为 $R_1 + R_2$。I_3 量程的分流器为 $R_1 + R_2 + R_3$。各挡分流器电阻值的计算方法如下:

(1) 计算 $R_1 + R_2 + R_3$。令

$$R_S = R_1 + R_2 + R_3$$

可得

$$R_S = R_g / (n_3 - 1)$$

式中

$$n_3 = I_3 / I_g$$

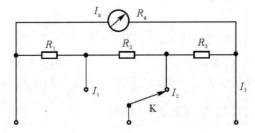

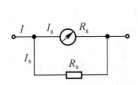

图 1-41　单量程电流表原理图　　　　图 1-42　多量程电流表原理图

(2) 计算 R_1。因为

$$R_1 (I_1 - I_g) = I_g (R_3 + R_2 + R_g)$$

又因为

$$R_2 + R_3 = R_S - R_1$$

所以

$$R_1 (I_1 - I_g) = I_g (R_S - R_1 + R_g)$$

$$R_1 = I_g (R_S + R_g) / I_1$$

由图 1-42 可知

$$(R_1 + R_2)(I_2 - I_g) = I_g (R_3 + R_g)$$

因为

$$R_2 + R_1 = R_S - R_3$$

所以
$$(R_S - R_3)(I_2 - I_1) = I_g(R_3 + R_g)$$
$$R_3 = R_S - (R_g + R_S)/n_2$$

式中
$$n_2 = I_2 / I_g$$

（3）计算 R_2。因为
$$R_S = R_1 + R_2 + R_3$$

所以
$$R_2 = R_S - (R_1 + R_3)$$

（四）直流电压表的基本原理

1.单量程电压表分压电阻计算

用一个磁电式表头就可测量小于 $U_g(U_g = I_g R_g)$ 的直流电压,若要测较大的电压,根据串联电阻可以分压的原理,在表头上串联一个适当阻值的电阻即可,如图 1－43 所示。图中 R_U 称为分压电阻,阻值大小用下式计算:
$$R_U = (U - I_g R_g)/I_g$$

2.多量程电压表分压电阻的计算

一个分压电阻与表头串联,可以制成一个单量程的直流电压表,若多个分压电阻与表头串联,就可制成多量程的直流电压表,电路原理图如图 1－44 所示。

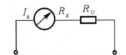 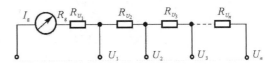

图 1－43　单量程直流电压表原理图 　　　图 1－44　多量程直流电压表原理图

分压电阻分别以下式计算:
$$R_{U1} = \frac{U_1 - I_g R_g}{I_g}$$

$$R_{U2} = \frac{U_1 - U_2}{I_g}$$

$$R_{U3} = \frac{U_3 - U_2}{I_g}$$

$$\cdots\cdots$$

$$R_{Un} = \frac{U_n - U_{n-1}}{I_g}$$

3.直流电压表灵敏度的概念

由图 1－44 可得
$$I_g = \frac{U_1}{R_g + R_{U1}} = \frac{U_2}{R_g + R_{U1} + R_{U2}} = \cdots = \frac{U_n}{R_g + R_{U1} + \cdots + R_{Un}}$$

$$\frac{1}{I_g} = \frac{R_g + R_{U1}}{U_1} = \frac{R_g + R_{U1} + R_{U2}}{U_2} = \cdots = \frac{R_g + R_{U1} + \cdots + R_{Un}}{U_n}$$

上式表示电压表测量单位电压所需要的内阻值,单位为 Ω/V,称为直流电压灵敏度,记为 S_{U-},即 $S_{U-} = 1/I_g$。若 S_{U-} 已知,则电压表每挡内阻 R_{Un} 为

$$R_{U_n} = S_{U-} + U_S$$

直流电压灵敏度是直流电压表的重要参数,它直接反映了所测直流电压的准确程度与电压表对被测电路的影响程度。R_{U_n} 越大,对测量电路影响越小,准确度也越高。

(五) 交流电流表与交流电压表的基本原理

1. 交流电流表

磁电式表头不能直接用来测量交流电参数,因为其可动部分的惯性较大,跟不上交流电流流过表头线圈所产生的转动力矩的变化,因而不能指示交流电的大小。若把交流电转换成单方向的直流电,让直流电流通过表头,则表针偏转角的大小就间接反映了交流电的大小。把交流电转变为直流电的过程称为整流。整流分为两类,即半波整流和全波整流,电路分别如图 1-45 和图 1-46 所示。

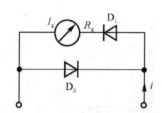
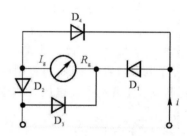

图 1-45　半波整流表头原理　　　　图 1-46　全波整流表头原理

二极管是整流电路中的关键器件,其导电特性可用图 1-47 所示的伏安特性曲线来表示。从图中可知,当二极管的正极加高电位,负极加低电位时,随着所加电压的增加,流过二极管的电流也逐渐增大,若所加电压超过一定值(硅管为 0.7 V,锗管为 0.3 V),则流过二极管的电流将迅速增大。而当正极加低电位,负极加高电位时,流过二极管的电流几乎为零(几十微安数量级)。若所加电压超过击穿电压值,二极管将击穿损坏。从以上分析可知,整流二极管具有单向导电的特性。

如果把正弦交流电信号加在如图 1-45 所示的电路中,在交流信号的正半周,二极管 D_1 导通,D_2 截止;在交流信号的负半周,D_2 导通,D_1 截止。可见在一个周期内只有半个周期的电流流过表头,如图 1-48 所示。

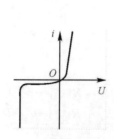
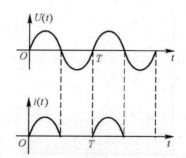

图 1-47　二极管伏安特性曲线　　　　图 1-48　半波整流后的脉动电流

由于磁电式表头可动部分的惯性作用,表头指针只能反映脉动电流的平均值,而不能反映脉动电流的瞬时值,所以仪表指针的偏转角只能指示交流信号整流后的脉动直流的平均值的大小。而实际中人们更常用有效值表示交流信号的大小。因此,只要能够找出交流电流半波平均值与交流电流有效值之间的关系,就可利用磁电式表头测量交流电流有效值的大小。

设交流电流 $i(t) = I_m \sin(\omega t + \varphi)$,令 $\varphi = 0$,则
$$i(t) = I_m \sin\omega t$$

半波整流后的平均值
$$\bar{I} = \frac{1}{T}\int_0^{\frac{T}{2}} I_m \sin\omega t \, \mathrm{d}t = \frac{I_m}{\pi} = 0.45I$$

式中:I_m 为交流电峰值;$\omega = 2\pi/T$;T 为交流电流信号周期;I 为交流电流信号有效值。

因此
$$I = \frac{\bar{I}}{0.45}$$

即交流电流有效值是半波整流后脉动直流平均值的 $1/0.45$。

若表头指针满偏,则此时交流电流有效值为
$$I = I_g/0.45$$

把上式定义为交流电流表头灵敏度,用 I' 表示,即
$$I' = \frac{I_g}{0.45}$$

这样,就可以把直流表头等效为 $I'_g = I_g/0.45$,$R'_g = R_g + R_{DI}$ 的交流表头。由于二极管的导通电阻 R_{DI} 是非线性的,因而 R'_g 也是非线性电阻。

交流电流表各量程的分流电阻计算方法与直流电流表各量程分流电阻计算方法相同,只需把各式中的 I_g 用 I'_g 替代即可,但应考虑 R'_g 的非线性。

2.交流电压表

交流电压表的电路原理如图1-49所示,交流电压表设计可参考直流电压表设计方法。各分压电阻分别以下式计算:
$$R_{U_1} = \frac{U_1 - I'_g R'_g}{I'_g} = \frac{U_1}{I'_g} - R'_g$$
$$R_{U_2} = \frac{U_2 - U_1}{I'_g}$$
$$R_{U_3} = \frac{U_3 - U_2}{I'_g}$$
$$\cdots\cdots$$
$$R_{U_n} = \frac{U_n - U_{n-1}}{I'_g}$$

令 $S_{U-} = 1/I'_g$ 为交流电压灵敏度,则
$$R_{U_1} = S_{U-} \times (U_1 - I'_g R'_g)$$
$$R_{U_2} = S_{U-} \times (U_2 - U_1)$$
$$R_{U_3} = S_{U-} \times (U_3 - U_2)$$

$$\cdots\cdots$$
$$R_{U_n} = S_{U-} \times (U_n - U_{n-1})$$

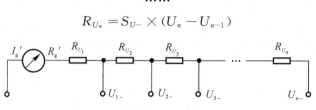

图 1-49　多量程交流电压表原理图

(六) 磁电式欧姆表的基本原理

1.单量程欧姆表

单量程欧姆表用于测量电阻的电路原理,如图1-50所示,图中R_S为调零电位器,R_m为限流电阻,R_X为被测电阻。

表头中流过的电流受调零电位器R_S、限流电阻R_m、表头内阻R_g以及被测电阻R_X的控制,即

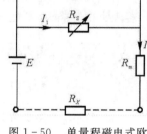

$$I_2 = \frac{R_S}{R_g + R_S} \times I$$

$$I = \frac{E}{R'_g + R_m + R_X}$$

式中

$$R'_g = \frac{R_g R_s}{R_g + R_s}$$

所以

图 1-50　单量程磁电式欧姆表电路原理图

$$I_2 = \frac{E}{R'_g + R_m + R_X} \times \frac{R_S}{R_g + R_S}$$

当万用表处于正常工作状态时,R_S,R_g和R_m都是常数,因此流过表头的电流只与R_X有关。从式中可看出:

当$R_X = 0$时,I_2最大,此时

$$I_2 = \frac{E}{R'_g + R_m} \times \frac{R_S}{R_g + R_S} = I_g$$

当$R_X = \infty$时,$I_2 = 0$。

可见,在表盘的最左端(即$I_2 = 0$的地方)电阻值为∞,在表盘的最右端(即$I_2 = I_g$的地方)电阻值为0,即欧姆表的表盘刻度与电压表、电流表刻度是相反的。

当$R_X = R'_g + R_m$时

$$I_2 = \frac{1}{2}\left(\frac{E}{R'_g + R_m} \times \frac{R_S}{R_S + R_g}\right) = \frac{1}{2}I_g$$

此时,指针指在表盘刻度的中间位置,因此定义欧姆表内阻($R'_g + R_m$)为该欧姆表的中心电阻值,记为R_0。从图1-50可见,R_0为欧姆表的内阻,它是设计欧姆表的重要指标。

单量程欧姆表中各元件值计算方法如下。

(1)R_S的计算。用欧姆表测电阻时,供给测量系统能源的是电池,当电池两端的电压值E发生变化时,将影响欧姆表的零值,当E很低时,即使$R_X = 0$,表针也不能回零。因此电路

中接入R_S的目的就是为了使E降低时,欧姆表指针仍然能回到零位。若电池电动势E在$E_{max} \sim E_{min}$范围内变化,则R_S的调节范围由下面的方法确定。

由图1-50可知

$$R_S = \frac{I_g R_g}{\dfrac{E}{R_0} - I_g}$$

当$E = E_{max}$时,R_S有最小值R_{Smin}:

$$R_{Smin} = \frac{I_g R_g}{\dfrac{E_{max}}{R_0} - I_g}$$

当$E = R_{min}$时,R_S有最大值E_{Smax}:

$$R_{Smax} = \frac{I_g R_g}{\dfrac{E_{min}}{R_0} - I_g}$$

因此,R_S的变化范围为$R_{Smin} \leqslant R_S \leqslant R_{Smax}$。通常$R_S$由一固定电阻$R$与一可变电位器$R_P$串联组成,$R$可选择略小于$R_{Smin}$的电阻,$R_P$可选择略大于$R_{Smax}$的电位器。

(2)限流电阻R_m的计算。由欧姆表中心电阻值R_0(设计指标)可得

$$R_m = R_0 - R'_g = R_0 - \frac{R_g R_S}{R_g + R_S}$$

2.多量程欧姆表

单量程欧姆表在测量远大于其中心阻值的电阻时,指针的偏转角很小,无法精确地读出阻值,测量误差非常大,为了克服这一缺点,往往把欧姆表设计成多量程的。

多量程欧姆表常分为$\times 1$,$\times 10$,$\times 100$,$\times 1\text{k}$,$\times 10\text{k}$和$\times 100\text{k}$挡,各量程中1,10,100,1k,10k和100k称为各挡的倍率。当被测电阻大于$10\text{ k}\Omega$时,要使用$\times 10\text{k}$挡以上的量程,此时测量电路中电流很小,可以采用增大电池E的方法来补偿,一般在一节1.5 V电池基础上,再增加一节9 V层叠电池。

多量程欧姆表的不同倍率挡共用一条刻度尺,刻度尺以$\times 1$倍率挡的刻度来标度,当选用不同的倍率挡测量时,测量结果为指针指示值乘以所用倍率挡的倍率。

在多量程欧姆表中,把$\times 1$挡的中心电阻值称为表盘中心标度值R_z(因为它正好标度在欧姆表表盘刻度尺的中心位量),各倍率挡的中心电阻值(即该挡的内阻)等于表盘中心标度值R_z乘以该挡的倍率。表盘中心标度值是设计欧姆表的重要指标,一般取10,12,18,24,60等数值。

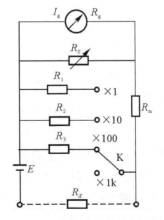

对于如图1-51所示的多量程欧姆表,各并联电阻值的计算方法如下:

设$\times 1\text{k}$挡为欧姆表基本挡位,则R_m,R_S的计算与单量程欧姆表元件计算相同。此时$\times 1\text{k}$挡的内阻$R_0^{1\text{k}}$等于表盘中心标度值R_z乘以1k。

令$\times 100$挡的中心阻值为R_0^{100},$\times 10$挡的中心阻值为

图1-51 多量程欧姆表原理图

R_0^{10}，$\times 1$ 挡的中心阻值为 R_0^1，则

$$R_3 = \frac{R_0^{1\,k} R_0^{100}}{R_0^{1\,k} - R_0^{100}}$$

$$R_2 = \frac{R_0^{1\,k} R_0^{10}}{R_0^{1\,k} - R_0^{10}}$$

$$R_1 = \frac{R_0^{1\,k} R_0^1}{R_0^{1\,k} - R_0^1}$$

（七）MF - 47 型万用电表的使用

MF - 47 型万用表是设计新颖的磁电系整流式多量限万用电表，可供测量直流电流、交直流电压、直流电阻等，具有 26 个基本量程和电平、电容、电感、晶体管直流参数等 7 个附加参考量程。

1.主要技术指标

略。

2.使用方法

（1）在使用前应检查指针是否指在机械零位上，如不指在零位上，可旋转表盖上的调零器使指针指示在零位上。

（2）将测试笔红、黑插头分别插入"＋""－"插座中，如测量交、直流 2 500 V 或直流 5 A，则红插头应分别插到对应的插座中。

（3）测未知量的电压或电流时，应先选择最高量程，待第一次读取数值后，方可逐渐转至适当量程以取得较准读数并避免烧坏电路。

（4）测量前，应用测试笔触碰被测试点，同时观看指针的偏转情况。如果指针急剧偏转并超过量程或反偏，应立即抽回测试笔，查明原因，予以改正。

（5）测量高压时，要站在干燥绝缘板上，并一只手操作，以防止意外事故发生。

（6）测量高压或大电流时，为避免烧坏开关，应在切断电源情况下，变换量程。

（7）如偶然发生因过载而烧断保险丝，可打开表盒换上相同型号的保险丝。

（8）电阻各挡用干电池应定期检查、更换，以保证测量精度。如长期不用，应取出电池，以防止电液溢出腐蚀而损坏其他零件。

3.测量方法

（1）直流电流测量。测量 0.05 ～ 500 mA 时，转动开关至所需电流挡。测量 5 A 时，红表笔插头则插到对应的插座中，转动开关可放在 500 mA 直流电流量程上，然后将测试笔串接于被测电路中。

注意:严禁用电流挡去测量电压。

（2）交、直流电压测量。测量交流 10 ～ 1 000 V 或直流 0.25 ～ 1 000 V 时，转动开关至所需电压挡。测量交、直流 2 500 V 时，开关应分别旋至交流 1 000 V 或直流 1 000 V 位置上，红表笔插头则插到对应的插座中，而后将测试笔跨接于被测电路两端。

注意:测量直流电压时，黑色测试笔应接低电位点，红色测试笔应接高电位点。

（3）直流电阻测量。

1）装上电池。转动开关至所需测量的电阻挡，将两测试笔短接，调整零欧姆调整旋钮，使指针对准于欧姆"0"位上，然后分开测试笔进行测量。

2）万用表的挡分为×1，×10，×1 k 等几挡位置。刻度盘上的刻度只有一行，其中×1，×10，×1 k 等数值即为电阻挡的倍率。

例如：转换开关旋在 1 k 位置，测试笔外接一被测电阻 R_X，这时指针若指着刻度盘上的 30，则 $R_X = 30 \times 1 \text{ k}\Omega = 30 \text{ k}\Omega$。

3）测量电路中的电阻时，应先切断电源。如电路中有电容则应先行放电。严禁在带电线路上测量电阻，因为这样做实际上是把欧姆表当做电压表使用，极易使电表烧毁。

4）每换一个量程，应重新调零。测量电阻时，表头指针越接近欧姆刻度中心读数，测量结果越准确，因此要选择适当的测量量限。

5）当检查电解电容器漏电电阻时，可转动开关至 $R \times 1$ k 挡，红测试笔必须接电容器负极，黑测试笔接电容器正极。

（4）电容测量。转动开关至交流 10 V 位置，被测电容串接于任一测试笔，而后跨接于 10 V 交流电压电路中进行测量。

（5）电感测量。与电容测量方法相同。

（6）晶体管直流参数的测量。

1）直流放大倍数 h_{FE} 的测量。先转动开关至晶体管调节 ADJ 位置上，将红、黑测试笔短接，调节欧姆电位器，使指针对准 300 h_{FE} 刻度线上，然后转动开关到 h_{FE} 位置，将要测的晶体管脚分别插入晶体管测试座的 e,b,c 管座内，指针偏转所示数值约为晶体管的直流放大倍数值。N 型晶体管应插入 N 型管孔内，P 型晶体管应插入 P 型管孔内。

2）反向截止电流的测量。I_{ceo} 为集电极与发射极间的反向截止电流（基极开路）。I_{cbo} 为集电极与基极间的反向截止电流（发射极开路）。转动开关至×1 k 挡将两测试笔短路，调节零欧姆电位器，使指针对准零欧姆上（此时满度电流值约 90 A）。分开测试笔，然后将欲测的晶体管按图 1-52(a)(b) 插入管座内，此时指针指示的数值约为晶体管的反向截止电流值。指针指示的刻度值乘上 1.2 即为实际值。

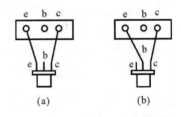

图 1-52 反向截止电流的测量
(a) I_{ceo} 的测量；(b) I_{cbo} 的测量

当电流值大于 90 A 时，可换用×100 挡进行测量（此时满度电流值约为 900 A）。N 型晶体管应插入 N 型管座，P 型晶体管应插入 P 型管座。

3）三极管管脚极性的辨别，可用×1 k 挡进行。

• 先判定基极 b。由于 b 到 c、b 到 e 分别是两个 PN 结，它的反向电阻很大，而正向电阻很小。测试时可任意取晶体管一脚假定为基极。将红测试笔接"基极"，黑测试笔分别去接触另两个管脚，如此时测得的都是低阻值，则红测试笔所接触的管脚即为基极 b，并且是 P 型管（如用上述方法测得的均为高阻值，则为 N 型管）。如测量时两个管脚的阻值差异很大，可另选一个管脚为假定基极，直至满足上述条件为止。

• 再判定集电极 c。对于 PNP 型三极管，当集电极接负电压，发射极接正电压时，电流放大倍数才比较大，而 NPN 型管则相反。测试时假定红测试笔接集电极 c，黑测试笔接发射极 e,记下其阻值,而后红、黑测试笔交换测试,将测得的阻值与第一次阻值相比,阻值小时的红测试笔接的是集电极 c,黑测试笔接的是发射极 e,而且可以判断是 P 型管(N 型管则相反)。

4) 二极管极性判别。测试时选×1 k 挡,黑测试笔一端测得阻值小的一极为正极。万用表在欧姆电路中,红测试笔为电池负极,黑测试笔为电池正极。

注意:以上介绍的测试方法,一般都只能用 $R\times100$, $R\times1$ k 挡。如果用 $R\times10$ k 挡,则因表内有 15 V 的较高电压,可能将二极管的 PN 结击穿;若用 $R\times1$ 挡测量,因电流过大(约 60 mA),也可能损坏管子。

二、数字式万用表

数字式万用表的测量过程是先由转换电路将被测量转换成直流电压信号,由模 / 数 (A/D) 转换器将电压模拟量变换成数字量,然后通过电子计数器计数,最后把测量结果用数字直接显示在显示器上。测量原理如图 1-53 所示。

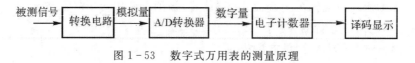

图 1-53　数字式万用表的测量原理

(一) 数字式直流电压表

从图 1-53 可以看出,数字式万用表是在数字式直流电压表的基础上扩展而成的。数字式直流电压表的组成结构如图 1-54 所示。

数字式直流电压表中的变换器,将连续变化的模拟电压量变换成断续的数字量,然后由计数器对数字量(脉冲)进行计数,得到测量结果。测量结果再经过译码显示电路显示出来。逻辑控制电路在时钟的作用下,控制和协调各部分电路按顺序完成整个测量过程。

数字式万用表的基础是数字式直流电压表。数字式万用表测量任何被测量都先将被测量转换成直流电压后,由数字式直流电压表进行测量。数字式直流电压表的种类很多,根据 A/D 变换方式的不同,可分为积分式和非积分式两大类。

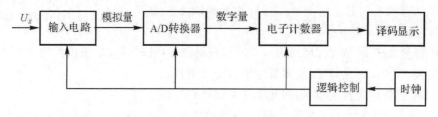

图 1-54　数字式直流电压表的组成

(二) 电流-电压转换器

电流-电压转换器的电路如图 1-55 所示。被测电流流过标准采样电阻,在采样电阻上产生一个正比于被测电流 I_x 的电压,由数字式电压表对这个电压进行测量即可得到被测电流的大小。

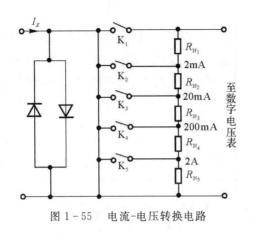

图 1-55　电流-电压转换电路

(三) 电阻-电压转换器

电阻-电压转换器电路如图 1-56 所示。图中 I_0 为数字式直流电压表内部产生的测试电流,此电流流过被测电阻 R_X,R_X 两端就会产生正比于被测电阻的电压降,由数字式电压表测出这个电压降 U,即可得到被测电阻 R_X 的大小,$R_X = U/I_0$。

(四) 交流-直流转换器

交流-直流转换器电路如图 1-57 所示。由运算放大器组成的线性检波电路将交流信号转变成直流电压,再由数字直流电压表进行测量。

在数字式直流电压表的基础上,利用交流-直流(AC/DC)转换器、电流-电压(I/U)转换器、电阻-电压(R/U)转换器即可把被测电量转换成直流电压信号,再由直流数字式电压表对转换后的信号进行测量,这样就构成了数字式万用表。不同的测量功能和量程由开关转换。

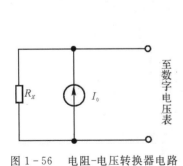

图 1-56　电阻-电压转换器电路　　　图 1-57　交流-直流转换器电路

(五) VC97 数字万用表

VC97 数字万用表可用来测量交直流电压、交直流电流、电阻、电容和频率等。操作面板如图 1-58 所示,其使用要点如下。

1.测试步骤

(1) 测试线位置。黑表笔接公共地 ⑧,红表笔接被测试项目插孔。

(2) 将功能转换开关 ④ 拨到所需挡位,量程转换开关从 OFF 按顺时针旋转,依次可进行直流电压(DC)测试、交流电压(AC)测试、电阻测试、二极管测试、通断测试、电容测试、频率测试、三极管测试、μA 电流测试、mA 电流测试和大电流测试。

(3) 测量结果和测试单位在液晶显示器 ① 中显示。

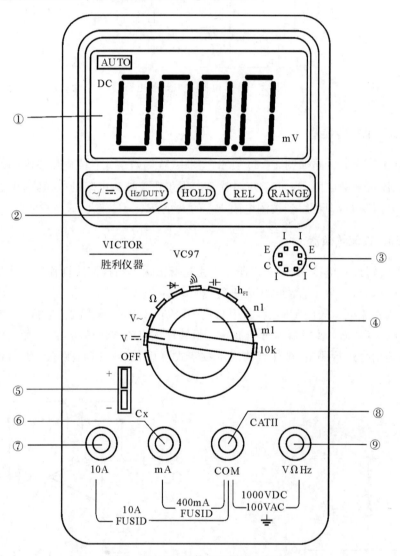

图 1-58　VC97 数字万用表面板图

图 1-58 位置 ② 处各功能键的功能如下。

RANGE 键:选择自动量程或手动量程工作方式。仪表起始为自动量程状态,并在位置 ① 左上方显示"AUTO"符号。按此功能键转为手动量程,按一次增加一挡,由低到高依次循环。直流电压有 400 mV,4 V,40 V,400 V 和 1 000 V 挡,交流电压有 400 mV,4 V,40 V,

400 V 和 700 V 挡。如在手动量程方式显示器显示"OL",表明已超出量程范围。如持续按下此键长于 2 s,回到自动量程状态。

REL 键:按下此键,读数清零,进入相对值测量,在液晶显示器上方显示"REL"符号,再按一次,退出相对值测量。

HOLD 键:按此功能键,仪表当前所测数值保持在液晶显示器上,在液晶显示器上方显示"HOLD"符号,再按一次,退出保持状态。

Hz/DUTY 键:测量交直流电压(电流)时,按此功能键,可切换频率 / 占空比 / 电压(电流),测量频率时切换频率 / 占空比(1% ～ 99%)。

~ / ═ 键:交直流工作方式转换键。

2.万用表使用注意事项

(1) 该仪表所测量的交流电压峰值不得超过 700 V,直流电压峰值不得超过 1 000 V。交流电压频率响应:700 V 量程为 40 ～ 100 Hz,其余量程为 40 ～ 400 Hz。

(2) 切勿在电路带电情况下测量电阻。不要在电流挡、电阻挡、二极管挡和蜂鸣器挡测量电压。

(3) 仪表在测试时,不能旋转功能转换开关,特别是高电压和大电流时,严禁带电转换量程。

(4) 当屏幕出现电池符号时,说明电量不足,应更换电池。

(5) 电路实验中一般不用万用表测量电流。在每次测量结束后,应把仪表关掉。

第二节　　函数发生器的使用

函数发生器是信号发生器的一种,可以产生正弦波、方波、三角波、锯齿波和任意波形等。要产生一个电压信号,传统的模拟信号源是采用电子元器件以各种不同的方式组成振荡器,其频率精度和稳定度都不高,而且工艺复杂、分辨率低,频率设置和实现计算机程控也不方便。

而 DDS 函数发生器采用直接数字频率合成(Direct Digital Synthesis,DDS)技术,它完全没有振荡器元件,而是用数字合成方法产生一连串数据流,再经过数模转换器、运放以及滤波器等电路产生模拟信号。因此可以把函数发生器的频率稳定度、准确度提高到与基准频率相同的水平,并且可以在很宽的频率范围内进行精细的频率调节。采用这种方法设计的函数发生器除了能产生简单信号,还可工作于调制状态,具有调幅、调频、调相、脉宽调制和 VCO(电压控制振荡器,Voltage Controlled Oscillator)控制功能。本书以麦威的 MFG3022 函数发生器为例,详细介绍函数发生器的使用方法。

一、函数发生器前后面板介绍

1.前后面板介绍

MFG3022 函数发生器的前面板如图 1-59 所示,其中各个数字所指区域分别是 ① 电源开关;② 液晶显示屏;③ 单位软键,即屏幕下边有 5 个空白键,其定义随着数据的性质不同而变化,在数据输入之后必须按下相应的单位软键,数据输入才算结束并开始生效;④ 选项软键,即屏幕右边有5个空白键(自上而下定义为选项1至选项5),其按键功能随着选项菜单的不同而变化;⑤6种波形键和数字键,波形按键上的英文名称所对应的中文名称详见表1-8,当波形按键按下时,按键背景灯亮起;⑥光标位方向键,数字变为反色处便是光标指示位,按移位键【◀】或【▶】,可以使光标指示位在某个参数设置项目下左移或右移,【▲】和【▼】则是对当前设置项目的参数进行加减,步进为1;⑦数字调节旋钮,功能同光标位参数设置按键【◀】或【▶】,向右(左)转动旋钮,可使光标指示位的数字连续加(减)1,并能向高位进(借)位;⑧A路输出/触发;⑨B路输出/触发;⑩8个功能按钮,键上英文名称所对应的中文名详见表1-9,其具体功能及使用方法详见后文信号设置,功能键同波形一样,按下时也有按键背景灯。

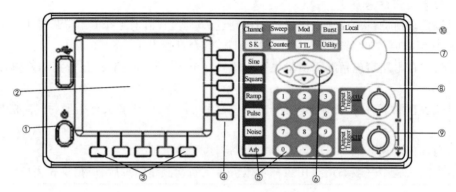

图1-59 函数发生器前面板

表1-9 中英文名称对照表

英 文	Sine	Square	Ramp	Pulse	Noise
中 文	正弦波	方波	三角波	脉冲	噪声
英 文	Arb	Channel	Sweep	MOD	Burst
中 文	任意波	单频通道	扫描	调制	猝发
英 文	SK	Counter	TTL	Utility	
中 文	键控	计数	TTL	系统	

　　MFG3022函数发生器的后面板如图1-60所示,其中各个数字所指区域分别是 ①A-TTL/B-TTL输出BNC;② 调制/外测输入BNC;③ 电源输入插座/保险丝座;④AC110/220V输入电压转换开关;⑤RS-232接口插座。

　　2.显示界面介绍

　　MFG3022函数发生器的显示界面如图1-61所示,其中各个数字所指区域分别是:①A路波形参数显示区,左上部显示的是A路波形示意图及当前各项参数值;②B路波形参数显示区,中间区域为B路波形示意图及当前各项参数值;③ 功能菜单,显示屏右边顶行蓝底白字是功能菜单,显示内容随8个功能键的不同而改变;④ 选项菜单,功能菜单下边5行是当前功能的选项菜单,显示内容也随 8 个功能键的不同而改变;⑤ 参数区,左边中间为参数的 3 个显示区,其内容与右边的选项菜单相对应;⑥ 单位菜单,最下边 1 行为当前所输入数据的单位。

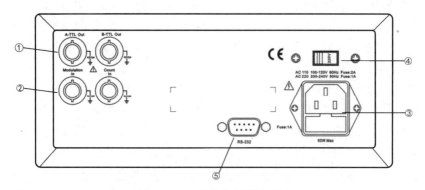

图 1-60 函数发生器后面板

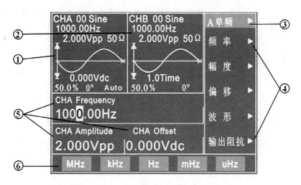

图 1-61 函数发生器显示界面

二、信号设置

1.单频设置

【Channel】为单频通道,即对单频信号进行相关参数设置,且 A、B 通道都可设置单频信号,通过【Channel】键进行通道切换。

按键选项 1 对应的是"频率"/"周期"参数设置。按键一次,菜单显示频率,光标则在频率参数区(CHA Frequency),且呈黄色背景,输入数值再选择对应单位(MHz,kHz,Hz,mHz 和 μHz);再按一次,菜单则跳转为周期,光标则在周期参数区(CHA Period),输入数值再选择对应单位(ks,s,ms,μs 和 ns),频率和周期两者可互相换算,故设置一个即可。

按键选项 2 对应的是信号"幅度"设置,除了输入相应数值外,还需要选择对应的单位,只有 A 通道的正弦波的电压单位有 Vrms(有效值),mVrms,Vpp(峰峰值) 和 mVpp,峰峰值和有效值也可互相转换。

A 通道的按键选项 3 对应的是"偏移"/"衰减器"参数设置。按键一次,菜单显示偏移,光标则在偏移参数区(CHA Offset),且呈黄色背景,输入数值再选择对应单位(Vdc 和

mVdc);再按一次,菜单则跳转为衰减器,光标则在衰减器参数区(CHA Attenuater)。开机或复位后为自动方式"AUTO",若要手动调整,可用数字键输入或者旋钮调整衰减值。输入 1 时幅度衰减为 0 dB,输入 2 时为 20 dB,输入 3 时为 40 dB,输入 4 时为 60 dB,输入 0 时则为 Auto。若需要使输出的交流信号中含有一定的直流分量,使信号产生直流偏移,则须对"偏移"参数进行设置。应该注意的是,信号输出幅度值的一半与偏移绝对值之和应小于 10 V,否则会产生限幅失真。另外,在 A 路衰减选择为自动时,输出偏移值也会随着幅度值的衰减而一同衰减。

B 通道没有"偏移"/"衰减器"功能。按键选项 3 对应的是"谐波"设置。B 路频率能够以 A 路频率倍数的方式设定和显示,也就是使 B 路信号作为 A 路信号的 N 次谐波。该参数可以用数字键或调节旋钮输入谐波次数值,B 路频率即变为 A 路频率的设定倍数(N time),也就是 B 路信号成为 A 路信号的 N 次谐波,这时 A、B 两路信号的相位可以达到稳定的同步。若进行了谐波设置,则之前对 B 路频率的设定值将自动失效。

按键选项 4 对应的是"相位"/"波形"设置。相位调节范围为 $0 \sim 360°$。当频率较低时相位的分辨率较高,而频率越高,相位的分辨率越低。例如当频率低于 270 kHz 时,相位的分辨率为 1°,当频率为 1 MHz 时,相位的分辨率为 3.6°。A、B 两路信号除了面板上常用的 6 种,系统还内置了其他 26 种不常用的单频信号,共计 32 种,其波形序号与波形名称请查阅仪器说明书,这里不再赘述。

按键选项 5 对应的是"输出负载"/"占空比"参数设置。输出负载上的实际电压值为幅度设定值乘以负载阻抗与输出阻抗的分压比,仪器的输出阻抗约为 50 Ω。当负载阻抗足够大时,分压比接近于 1,输出阻抗上的电压损失可以忽略不计,输出负载上的实际电压值接近于幅度设定值。但当负载阻抗较小时,输出阻抗上的电压损失已不可忽略,负载上的实际电压值与幅度设定值是不相符的,这点应注意。"占空比"在选中方波、脉冲波时才会显示出来,调节范围为 $1\% \sim 99\%$。

2.调频信号

【Mod】为调频功能键,且只能在 A 通道具有该功能。在调频功能下,A 路信号作为载波信号,B 路信号作为调制信号,因此载波频率实际上就是 A 路频率,调制频率实际上就是 B 路频率。"调频深度"值表示在调频过程中载波信号频率的变化量,使用载波信号周期的变化量来表示则更加直观。PERD 为载波信号周期在调频深度为 0 时的周期值,SHIFT 为载波信号周期在高频时的最大变化量单峰值,则调频深度 DEVI 由下式表示:

$$DEVI\% = 100 \times SHIFT/PERD$$

频率调制可以使用外部调制信号,仪器后面板上有一个"Modulation In"端口,可以引入外部调制信号。外部调制信号的频率应该和载波信号的频率相适应,外部调制信号的幅度应根据调频深度的要求来调整。外部调制信号的幅度越大,调频深度就越大。使用外部调制时,应该将"调频深度"设定为 0,关闭内部调制信号,否则会影响外部调制的正常运行。同样,如果使用内部调制,应该设定"调频深度"值,并且应该将后面板上的外部调制信号去掉,否则会影响内部调制的正常运行。

3.其他信号设置

【Sweep】为扫描功能键。该功能只针对 A 路通道。按一次该键,输出端产生扫频信号,参数中的"始点频率"为扫描起始点,终止点为"终点频率"。扫描始点频率、终点频率设定之后,每个频率步进可以根据"扫描时间"的要求来设定。扫描时间越小,频率步进越大;扫描时间越大,频率步进越小。扫描方向选择有"正向扫描""反向扫描"和"往返扫描"三种,扫描模式有"线性扫描"和"对数扫描"两种。再按扫描功能键则产生扫幅信号,其参数设置和扫频信号类似。

【Burst】为猝发功能键。先按【Channel】键,选中"A 路单频",再按【Burst】,显示屏左上角显示"A 路猝发",此时猝发功能即被打开。输出信号按照猝发频率输出一组一组的脉冲串波形,每一组都有设定的周期个数,各组脉冲串之间也有一定的间隔时间。B 路猝发设置和 A 路类似。

【SK】为键控功能键。控制仪器参数设置,使其产生 ASK、FSK 和 PSK 信号,可设置载波频率、载波幅度、调频频率／跳变幅度／跳变相位以及间隔时间等参数。

【Counter】为计数功能键。此功能可使仪器作为一台频率计数器使用,对外部信号进行频率测量或计数测量。将幅度 $20V > Vpp > 100mV$ 的任意周期性信号波形作为被测信号从后面板"外测输入"端口接入,即可以显示出所测量的外部信号的频率值。

【TTL】为"TTL"功能键。按下该键,屏幕上方左边显示出"TTL",在后面板 TTL_A,TTL_B 端子输出相应的 TTL 信号。

【Utility】为系统设置功能键,可对系统设置参数进行存储和调出,设置程控接口等操作。

三、应用示例

下面举例说明基本操作方法,可满足一般使用的需要,如果遇到疑难问题或较复杂的使用,可仔细阅读仪器使用说明中的相应部分。

例:设置一个频率 2.5 kHz、峰峰值 1.2 V 的正弦波信号,步骤如下。

(1)按【单频】键,选中"A 路单频"功能。

(2)按"频率"选项键,输入数字 2.5(也可以通过移动光标位置旋转旋钮或者【▲】【▼】方向键来调整参数),在单位菜单中选单位"kHz"。再按"频率"选项键可切换成"周期"选项,参数可以自动换算($400\ \mu s$),也可以手动输入,方法同频率设置。

(3)按"幅度"选项键,输入数字 1.2,方法同频率设置,在单位菜单中选单位"Vpp"。

(4)检查所有参数设置无误后,连接同轴线,并按下 A 路的输出触发按键【Output Trigger】。

四、无波形故障排除

进行信号设置后,但未出现信号的波形,按下列步骤处理。

(1)检查函数发生器输出端与同轴线接口是否接触良好。

(2)检查信号输出端连接是否正确,上方为 A 通道接口,下方为 B 通道接口。

(3)检查函数发生器输出端的输出触发【Output Trigger】是否已经按下(按键呈荧光绿色)。

第三节　毫伏级电压表的工作原理与使用

毫伏级电压表是用来测量交流电压大小的交流电子电压表,它的指示机构是指针式的,因而又叫做模拟式电子电压表,有些毫伏级电压表还可以进行电平的测量。

毫伏级电压表测量具有灵敏度高、测量频率范围宽、输入阻抗高等特点,在电子电路中常用来测量微弱信号。

一、毫伏级电压表的构成

毫伏级电压表由指示电路、放大电路和检波电路三部分组成。

1.指示电路

由于磁电式电流表具有灵敏度准确度高、刻度呈线性、受外磁场及温度的影响小等优点,因而在毫伏级电压表中被用于指示器,以指示测量结果。

2.放大电路

放大电路用于提高毫伏级电压表的灵敏度,使毫伏级电压表能够测量微弱信号。毫伏级电压表中所用到的放大电路有直流放大电路和交流放大电路两种,分别用于毫伏级电压表的两种不同电路结构中。

3.检波电路

由于磁电式微安级电流表头只能测量直流电流,因此在毫伏级电压表中,必须通过各种形式的检波器,将被测交流信号变换成直流信号,然后驱动表头的指针偏转。

二、毫伏级电压表的两种不同组成结构

毫伏级电压表的电路结构有检波-放大式和放大-检波式两种。前者在检波电路之后加入直流放大电路,后者在检波电路之前加入交流放大电路,其结构原理图如图 1-62 所示。

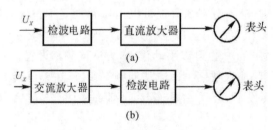

图 1-62　毫伏级电压表原理框图

由图 1-62(a) 可见,检波-放大式毫伏级电压表先将被测交流信号电压 U_x 经过检波电路检波,转换成相应大小的直流电压,再经过直流放大器放大推动指示电路(直流微安级电流表头),作出相应的偏转指示。这种毫伏级电压表所能测量电压的频率范围由检波器的频率响应决定。如果把特殊的高频检波二极管置于探极,并减小连线分布电容的影响,测量频率可达几百兆赫。由于检波二极管伏安特性的非线性,刻度也是非线性的,且输入阻抗低,采用普通的直流放大电路又有零点漂移问题,因此这种毫伏级电压表的灵敏度不高。如果

采用斩波式直流放大器,可以把灵敏度提高到毫伏级,这种毫伏级电压表常称为超高频毫伏级电压表。

从图 1-62(b) 可见,放大-检波式毫伏级电压表先将被测交流信号电压 U_x 经交流放大器放大后,送入检波电路,检波电路把放大后的被测交流信号电压转换成相应大小的直流电压去推动指示电路(直流微安级电流表头),作出相应的偏转指示。由于放大电路放大的是交流信号,因而可以采用高增益放大器来提高毫伏级电压表的灵敏度,可达毫伏级。但是被测电压的频率范围受放大电路频带宽度的限制,一般上限频率为几百千赫到兆赫。

检波-放大式毫伏级电压表由于具有较宽的频率响应而被广泛用于超高频毫伏级电压表,放大-检波式毫伏级电压表则具有较高的灵敏度和稳定度,大信号检波具有良好的指示线性,因此在电子电路实验中得到了广泛应用。

三、检波电路

检波器是毫伏级电压表中的一个关键部件,根据交流电压的 3 种表征平均值、峰值和有效值,检波器有平均值响应、峰值响应和有效值响应 3 种形式。其中有效值响应检波器的电路较复杂,在普通仪器中很少使用。下面对平均值响应和峰值响应检波器的工作原理进行介绍。

(一) 峰值检波器

峰值检波器分为开路式和闭路式两种,电路原理分别如图 1-63(a) 和图 1-63(b) 所示。开路式检波器又称为串联二极管检波器,闭路式检波器又称为并联二极管检波器。

(二) 平均值检波器

电压平均值的定义为

$$\overline{U} = \frac{1}{T}\int_0^T u(t)\,\mathrm{d}t$$

对于周期信号,通常把 T 取为信号的周期值。

交流电压的平均值 $\overline{U}$ 一般是指检波的全波平均值,即

$$\overline{U} = \frac{1}{T}\int_0^T |u(t)|\,\mathrm{d}t$$

全波式平均值检波器如图 1-64 所示。

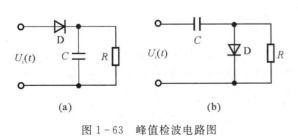

图 1-63 峰值检波电路图

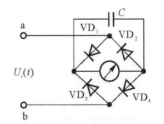

图 1-64 全波式平均值检波器

四、毫伏级电压表的刻度特性

1.检波-放大式毫伏级电压表的刻度特性

检波-放大式毫伏级电压表采用的是峰值响应检波器,其表头指针的偏转正比于被测电压的峰值。但是,除了特殊测量(如脉冲电压表)外,检波-放大式毫伏级电压表的表盘都是按正弦有效值来标示刻度的。

因为检波-放大式毫伏级电压表的表盘都是按正弦有效值来标示刻度的,所以用这种毫伏级电压表测量非正弦电压时,读数没有直接意义。

2.放大-检波式毫伏级电压表的刻度特性

放大-检波式毫伏级电压表采用的是平均值检波器,其表头指针的偏转正比于被测电压的平均值。用放大-检波式毫伏级电压表测量非正弦交流电压时,不能直接从表盘上读数,须将读数换算后才能得出被测非正弦电压的有效值。

第四节　数字示波器的使用

示波器是一种用途十分广泛的电子测量仪器,它能把肉眼看不见的电信号变换成看得见的图像,便于人们研究各种电现象的变化过程。利用示波器能观察各种不同信号幅度随时间变化的波形曲线,还可以用它测试各种不同的电量,如电压、电流、频率、相位差和调幅度等。

示波器主要分为模拟示波器和数字示波器。传统的模拟示波器直接测量信号电压,并将高速电子束打在荧光屏上,电子束像一支笔的笔尖,从左到右在屏幕的垂直方向描绘电压。数字示波器的工作方式是通过模/数转换器(ADC)把被测电压转换为数字信息。数字示波器捕获的是波形的一系列采样值,并对采样值进行存储,存储限度是判断累计的采样值是否能描绘出波形。本节以优利德2072CEX-edu数字示波器为例进行介绍。

一、示波器介绍

1.前后面板介绍

示波器前面板布局如图1-65所示。左侧是显示屏,右侧则是各种功能按键及旋钮。面板右上方为功能菜单按键区,包括【MEASURE】【ACQUIRE】【STORAGE】【CURSOR】【DISPLAY】【UTILITY】【RUN STOP】以及【AUTO】8个功能按键,各自功能分别如下。

【MEASURE】测量:该仪器自带的测量项有20种波形参数,其中电压类10种(峰峰值、幅度、均方根值、最大值、最小值、顶端值、底端值、中间值、过冲和预冲),时间类9种(周期、频率、上升时间、下降时间、正脉宽、负脉宽、正占空比、负占空比和延迟)。按下测量键,显示屏右侧出现一列测量框,F1至F5控制键用于设置其内容,按键对应每一个测量框都可对信源、电压类、时间类所有参数进行选择设置,不同通道用不同的显示颜色区分,CH1是蓝色,CH2是黄色,并显示在屏幕栅格的右上角位置,如图1-66所示。

【ACQUIRE】采样:可对信号采样的获取方式、采样方式以及快速采样等功能参数进行设置。

【STORAGE】存储：可将示波器的设置、波形、屏幕图像保存到示波器内部或外部 USB 存储设备上，并可以在需要时重新调出已保存的设置或波形。

【CURSOR】光标：测量所选波形的时间、电压、跟踪或者关闭，其测量结果显示在屏幕栅格的左上角位置，不同通道为不同的显示颜色，CH1 是蓝色，CH2 是黄色，如图 1-67 所示。

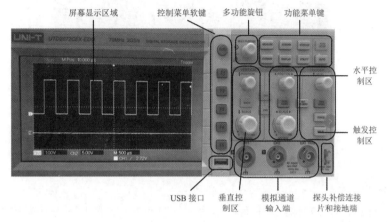

图 1-65　示波器前面板

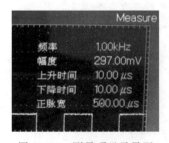

图 1-66　测量项显示界面

图 1-67　光标项显示界面

【DISPLAY】显示：可对波形的显示类型（分矢量和点两种）、格式（分 YT 和 XY 两种）、持续以及波形亮度等功能参数进行设置。

【UTILITY】系统辅助：可对示波器的自校正、语言、显示屏的网格亮度、频率计等功能进行设置。

【RUN STOP】运行/停止：按下该键并有绿灯亮时，表示运行状态，此时表示数字存储示波器在连续采集波形，屏幕左上方显示"Trig'd"；如果按键后出现红灯亮则为停止，此时示波器停止采集，屏幕左上方显示"STOP"。

【AUTO】自动设置：根据输入的信号，可自动调整垂直偏转系数、扫描时间以及触发方式等参数直至最合适的波形显示。如果需要进一步仔细观察，在自动设置完成后可再进行手工调整，直至使波形显示达到需要的最佳效果。但是需要注意的是，使用此功能时，要求被测信号的频率不能小于 20 Hz，幅度不小于 30 mVpp。

控制菜单软件的 F1 至 F5 分别对应显示屏右侧一列 5 个菜单选项，此菜单选项随功能按键的选择会发生改变。而垂直控制区、水平控制区以及触发控制区的使用将分别在后文中详细介绍。模拟通道输入端分别为 CH1、CH2 和外触发信号的输入端同轴接口。

示波器后面板布局如图 1-68 所示。

USB LAN 通过测试输出

图 1-68 示波器后面板

2.显示界面介绍

显示界面如图 1-69 所示。中间格栅为波形显示区;格栅上下为示波器参数设置显示区域;显示屏右边一列为功能显示区,显示菜单内容随控制面板上不同功能按键而不同。

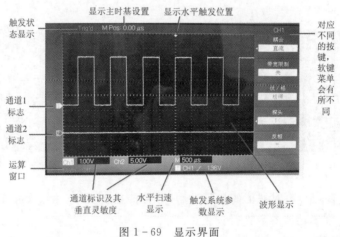

图 1-69 显示界面

二、使用前准备

在使用仪器之前,需做一次快速功能检查,以核实仪器运行是否正常,具体步骤如下。

(1)接通电源:电源的供电电压为交流 220 V,频率为 50 Hz。用电源线把示波器连接到电源,并按下示波器正上方的电源开关按钮⏻。

(2)开机检查:按下电源开关按钮⏻,示波器会出现开机动画。启动完成后,示波器就会进入正常的启动界面。

(3)接入信号:将探头的 BNC 端连接示波器通道 1(CH1)的 BNC,探针连接到图 1-70 所示的探头补偿信号连接片上,将探头的接地鳄鱼夹与探头补偿信号连接片下面的接地端相连。探头补偿信号连接片的输出波形为幅度 3 Vpp,频率为 1 kHz 的矩形波。

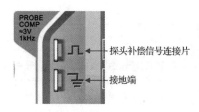

图 1-70　探头补偿信号连接片和接地端

（4）功能检查：按 AUTO（自动设置）键，显示屏上应出现方波（幅度约 3 Vpp，频率 1 kHz）。返回步骤（3），按相同的方法检查其他通道（CH2 至 CH4）。如实际显示的方波形状与理论不符，需进行探头补偿。

（5）探头补偿：未经补偿校正的探头会导致测量误差或错误。将示波器探头与 CH 1 通道连接。如使用探头钩形头，应确保与探头接触可靠。将探头探针与示波器的探头补偿信号连接片相连，接地夹与探头补偿连接片的接地端相连，打开 CH 1 通道，然后按 AUTO 按键。观察显示的波形，若显示波形为 1-71 图中（a）所示的补偿过度或（c）所示的欠补偿时，用非金属手柄的调笔调整探头上的可变电容，直到屏幕显示的波形为图 1-71（b）所示的正确补偿。

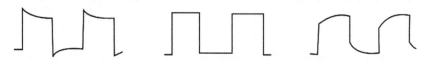

图 1-71　探头补偿校正
（a）补偿过度；（b）正确补偿；（c）欠补偿

三、设置

1.自动设置

数字存储示波器一般都具有自动设置的功能。按下【AUTO】按键，系统则根据被测信号，自动调整所有参数至最合适的状态显示。

2.通道设置

示波器提供两个模拟输入通道，每个通道都有独立的垂直菜单。每个菜单都按不同的通道单独设置。按【CH1】或【CH2】功能按键，在屏幕右侧会分别显示 CH1 或 CH2 通道的操作菜单，信号标签和挡位状态信息栏也都变为实心的标识，双击 CH1 或 CH2，通道则关闭。通道菜单功能和说明见表 1-10。

表 1-10　通道菜单

菜单功能	设　定	说　　明
耦合	直流	通过输入信号的直流和交流成分
	交流	仅通过输入信号的交流成分
	接地	显示参考地电平

续表

菜单功能	设定	说　明
带宽限制	开	限制带宽至 20 MHz,被测信号中 20 MHz 的高频分量将被衰减
	关	不打开带宽限制功能,示波器满带宽工作
伏/格	粗调	粗调按 1—2—5 进制设定当前通道的垂直挡位
	细调	细调则在粗调设置范围之间,按当前伏格挡位 1% 的步进来设置当前通道的垂直挡位
探头	1× 10× 100× 1000×	对当前通道输入信号电压的放大倍数
反相	关	波形正常显示
	开	波形相位 180°翻转

3.垂直控制

如图 1-72 所示,在垂直控制区有一个按键,两个旋钮,其具体功能分别如下。

(1)垂直【POSITION】旋钮:垂直移位旋钮,可将当前通道波形的垂直位置上下移动。

(2)垂直【SCALE】旋钮:该旋钮可设置当前通道的垂直灵敏度 S_V,并通过波形窗口下方的状态栏显示信息,如  Ch2 5.00V 。但是对 S_V 参数的调整除了该旋钮,还需要结合"VOLTS/DIV(伏/格)"垂直挡位的信息。

(3)【MATH】按键:数学运算功能是对 CH1 或 CH2 通道波形进行一系列简单的加减乘除数学运算或 FFT 运算,其功能、子菜单及说明详见表 1-11。

表 1-11　数学运算功能说明

类型	功能	子菜单		说　明
数学	CH1、CH2 通道波形的加、减、乘及除法运算	操作数 1		将 CH1 或者 CH2 设置为操作数 1
		算子	+	操作数 1＋操作数 2
			—	操作数 1－操作数 2
			×	操作数 1×操作数 2
			÷	操作数 1÷操作数 2
		操作数 2		将 CH1 或者 CH2 设置为操作数 2

续 表

类型	功能	子菜单		说 明
FFT	将时域信号转换成频域信号	信源	CH1	设置 CH1 或者 CH2 为被运算的信号
			CH2	
		窗	Hanning	设定 Hanning 窗函数,与矩形窗比,具有较好的频率分辨率,较差的幅度分辨率
			Hamming	设定 Hamming 窗函数,其频率分辨率稍好于 Hanning 窗
			Blackman	设定 Blackman 窗函数,特点是具有最好的幅度分辨,最差的频率分辨率
			Rectangle	设定 Rectangle 窗函数,特点是有最好的频率分辨,最差的幅度分辨率。与不加窗的状况基本类似
		垂直单位	Vrms	设置垂直单位为 Vrms(有效值,伏)或 dB-Vrms
			dBVrms	

4. 水平控制

如图 1-73 所示,在水平控制区有一个按键,两个旋钮,其具体功能分别如下。

(1)水平【POSITION】移位旋钮:可将当前通道波形的水平位置左右移动。

(2)水平【SCALE】旋钮:该旋钮可改变示波器的扫速 St,转动水平 SCALE 旋钮改变"SEC/DIV(秒/格)"时基挡位,可以发现状态栏对应通道的时基挡位显示发生了相应的变化,如 M 500 μs 。水平扫描速率从 2ns 到 50s,以 1—2—5 方式步进。

(3)【HORI MENU】按钮:显示 Zoom 菜单。在此菜单下,按 F3 可以开启"视窗扩展"扩展时间,再按 F1 可以关闭扩展时间而回到主时基。在这个菜单下,还可以设置触发释抑时间。

图 1-72 垂直控制区

图 1-73 水平控制区

5.触发控制

如图 1－74 所示,在触发菜单控制区有一个旋钮,四个按键,其具体功能如下。

(1)触发电平旋钮【LEVEL】:触发电平调节旋钮,设置触发点对应的电压值。可以在屏幕右侧看到触发标志来指示触发电平线,随旋钮转动而上下移动。在移动触发电平的同时,可以观察到在屏幕下部的触发电平的数值相应变化,如 CH1 0.00mV。

(2)【TRIG MENU】按键:以改变触发设置,具体有触发类型、触发信源、触发耦合和触发方式等,触发菜单显示界面如图 1－74 所示,设置如下。

1)"触发类型"有边沿、脉宽之分,开机默认边沿触发。

当选择边沿触发时,还需对斜率进行设置,有上升、下降以及上升/下降三个选项,分别代表着在信号沿上升边沿触发、下降边沿触发以及上升/下降边沿触发,默认设置边沿类型斜率为上升。

当选择脉宽触发时,还需对脉宽条件(大于、等于或小于)、脉宽设置以及触发极性(正脉宽、负脉宽)进行设置。

2)"触发信源"有 CH1,CH2,EXT,AC Line 和 Alter 之分,默认信源为 CH1 通道信号。

3)"触发方式"有自动触发、正常触发以及单次触发,默认触发方式为自动触发。自动触发是设置在没有检测到触发条件下也能采集波形,正常触发是设置只有满足触发条件时才采集波形,而单次触发则是设置当检测到一次触发时采样一个波形,然后停止。

4)"触发耦合"有交流、直流、高频拟制和低频拟制之分。交流耦合代表着阻挡输入信号的直流成分,直流耦合是指通过输入信号的交流和直流成分,高频拟制耦合则是抑制信号中的 80 kHz 以上的高频分量,低频拟制是抑制信号中的 80 kHz 以下的低频分量。

图 1－74　触发控制区

(3)【SET TO ZERO】键:设定波形的垂直位置和水平位置归零,并使得触发电平的位置在触发信号幅值的垂直中点。

（4）【FORCE】键：用来强制产生触发系统，该功能主要用于触发方式中的＜正常＞和＜单次＞模式，每按一次，就产生一次触发。

（5）【HELP】键：按下打开帮助窗口，再次按下后窗口关闭。

4.应用示例

下面以观测电路中一未知信号，迅速显示和测量信号的频率和峰峰值为例，说明基本操作方法，该方法可满足一般使用的需要。如果遇到疑难问题或较复杂的使用，可仔细阅读仪器使用说明中的相应部分。

（1）迅速显示信号。

1）将 CH1 的探头连接到电路被测点。

2）按下【AUTO】按键，数字示波器将自动设置使波形显示达到最佳。在此基础上，可以进一步调节垂直、水平挡位，直至波形的显示符合要求。

（2）自动测量被测信号的电压和时间参数（频率和峰峰值）。

1）按【MEASURE】按键，以显示自动测量菜单。

2）按【F1】按键，再按【F2】按键——信源选择 CH1，按【F4】键在时间类中找频率，在第一页的【F2】键选择对应频率值。此时测量项的第一个值即为 CH1 通道信号的频率值。

3）按【F2】按键，再按【F2】键——信源选择 CH1，按【F3】键在电压类中找峰峰值，按【F5】选项翻页，在第二页的【F3】键选择对应峰峰值。此时测量项的第二个值即为 CH1 通道信号的峰峰值。

此时，峰峰值和频率的测量值分别显示在屏幕右上方，如图 1-75 所示。

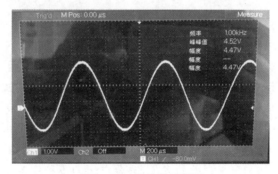

图 1-75　测量显示界面

5.故障排除

（1）无波形。

采集信号后，若画面中并未出现信号的波形，须按下列步骤处理。

1）检查探头是否正常连接在信号测试点上。

2）检查信号连接线是否正常接在模拟通道输入端上。

3）检查输入信号的模拟通道输入端与打开的通道是否一致。

4）将探头探针端连接到示波器前面板的探头补偿信号连接片，检查探头是否正常。

5)检查待测物是否有信号产生(可将有信号产生的通道与有问题的通道接在一起来确定问题所在)。

6)按【AUTO】自动设置,使示波器重新采集信号。

(2)电压测试不对。

如测量的电压幅度值比实际值有数倍之差,应检查通道菜单中的"探头"一项衰减系数设置是否正常(默认为×1)。

(3)不触发。

有波形显示,但不能稳定下来时:

1)检查触发菜单中的"触发源"一项,是否与实际信号所输入的通道一致。

2)检查触发类型:一般的信号应使用"边沿"触发方式。只有设置正确的触发方式,波形才能稳定显示。

3)尝试将"触发耦合"改为"高频抑制"或"低频抑制",以滤除干扰触发的高频或低频噪声。

(4)刷新慢。

1)检查【ACQUIRE】按键菜单中的"获取方式"是否为"平均",且"平均次数"是否较大。

2)如果想要加快刷新速度,可适当减少"平均次数"或选取其他"获取方式",例如"正常采样"。

3)检查【DISPLAY】按键菜单中的"余辉时间"是否被设置成较长的时间或者"无限"。

(5)波形显示呈阶梯状。

1)此现象正常。可能水平时基挡位过低,增大水平时基以提高水平分辨率,可以改善显示。

2)可能显示类型为"矢量",采样点间的连线,可能造成波形阶梯状显示。将显示类型设置为"点"显示方式,即可解决。

第五节　直流稳压电源的原理与使用

直流稳压电源是一种在电网电压或负载变化时能自动调整并保持输出电压基本不变的电源装置。直流稳压电源在电子测量中为被测电子电路提供能量,其输出电压的稳定度直接影响到被测电路的性能和测量误差的大小,电源电压的不稳定甚至可能导致电路无法正常工作。

一、直流稳压电源的工作原理

直流稳压电源的基本构成如图1-76所示。由图可见,在直流稳压电源中,首先由变压器将电网供给的220 V,50 Hz的交流电压变换为所需幅度的交流电压,然后由整流电路将交流电压变换成直流脉动电压,再由滤波电路将直流电压平滑,最后经过直流稳压电路输出稳定的电压。

常见的整流和滤波电路有:半波整流电容滤波电路、全波整流电容滤波电路和桥式整流电容滤波电路。稳压电路的种类很多,有硅稳压管稳压电路、串联型晶体管稳压电路和集成稳压电路等。

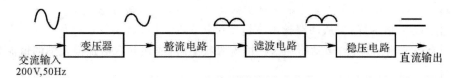

图 1－76　直流稳压电源的组成框图

二、MPS－3003L 可调式直流稳压电源

MPS－3003L 可调式直流稳压电源是一种具有输出电压与输出电流均连续可调、稳压与稳流自动转换的高稳定性、高可靠性、高精度的多路直流电源。

采用 LED 显示输出电压和电流值，同时，两路可调电源可进行串联或并联使用，并由一路主电源进行电压或电流跟踪。串联时最高输出电压可达两路电压额定值之和；并联时最大输出电流可达两路电流额定值之和。

（一）主要技术指标

(1)输入电压：220 V,50/60 Hz。

(2)主、从路的额定输出电压：0～30 V。

(3)主、从路的额定输出电流：0～3 A。

(4)固定输出电压：5 V。

(5)固定输出最大电流：3 A。

(6)主、从路保护：电流限制及极性反向保护。

(7)固定输出短路保护：具有输出限制及短路保护功能。

（二）面板介绍

1.前面板各开关旋钮的位置和功能（见图 1－77）

• ①为表头 V：显示主动路的输出电压。

• ②为表头 A：显示主动路的输出电流。

• ③为表头 V：显示从动路的输出电压。

• ④为表头 A：显示从动路的输出电流。

• ⑤为 VOLTAGE 调节旋钮：调整主动路输出电压，并在并联或串联追踪模式时，用于从动路最大输出电压的调整。

• ⑥为 CURRENT 调节旋钮：调整主动路输出电流，并在并联模式时，用于从动路最大输出电流的调整。

• ⑦为 VOLTAGE 调节旋钮：用于独立模式的从动路输出电压的调整。

• ⑧为 CURRENT 调节旋钮：用于从动路输出电流的调整。

• ⑨为 OVERLOAD 指示灯：当固定输出负载大于额定值时，此灯就会亮。

• ⑩为 C.V.指示灯：当主动路输出在恒压源状态，或在并联、串联追踪模式下的恒压源状态时,此灯就会亮。

- ⑪为 C.C.指示灯:当主动路输出在恒流源状态时,此灯就会亮。

- ⑫为 C.V.指示灯:当从动路输出在恒压源状态时,此灯就会亮。

- ⑬为 C.C.指示灯:当从动路输出在恒流源状态时,或在并联追踪模式下的恒流源状态时,此灯就会亮。

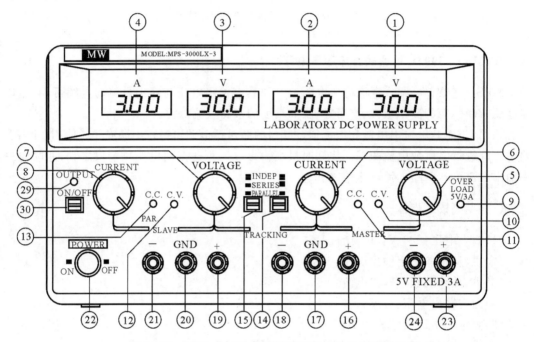

图 1-77 MPS-3003L 可调式直流稳压电源前面板图

- ⑭⑮为 TRACKING 追踪模式按键:两个按键可选择 INDEP(独立)、SERIES(串联)或 PARALLEL(并联)的追踪模式,请依据以下步骤:

1)当两个按键都未按下时,是 INDEP(独立)模式,主动路和从动路的输出分别独立。

2)当只按下左键,不按下右键时,是 SERIES(串联)追踪模式。在此模式下,主动路和从动路的输出最大电压完全由主动路电压控制(从动路输出端子的电压追踪主动路输出端子电压),从动路输出端子的正端(红)则自动与主动路输出端子负端(黑)连接,此时主动路和从动路两个输出端子可提供0~2倍的额定电压。

3)当两个键同时按下时,是 PARALLEL(并联)追踪模式。在此模式下,主动路输出端和从动路输出端会并联起来,其最大电压和电流由主动路主控电源供应器控制输出。主动路和从动路可分别输出,或由主动路输出提供0~2倍的额定电流输出。

4)当不按左键,只按下右键时,此状态属于无效模式。

- ⑯为"＋"输出端子:主动路正极输出端子。

- ⑰为⑳GND 端子:大地和底座接地端子。

- ⑱为"－"输出端子:主动路负极输出端子。

- ⑲为"＋"输出端子:从动路正极输出端子。

- ㉑为"－"输出端子:从动路负极输出端子。
- ㉒为 POWER:电源开关。
- ㉓为"＋"输出端子:固定 5 V 正极输出端子。
- ㉔为"－"输出端子:固定 5 V 负极输出端子。
- ㉙为 OUTPUT 指示灯:输出开关指示灯。
- ㉚为 ON/OFF 控制开关:输出接通/输出关断控制开关。

2.后面板说明(见图 1－78)

- ㉕为电源插座。
- ㉖为保险丝座。
- ㉗为电源转换开关(选用)。
- ㉘为冷却风扇:排出热气避免过热损坏机器。

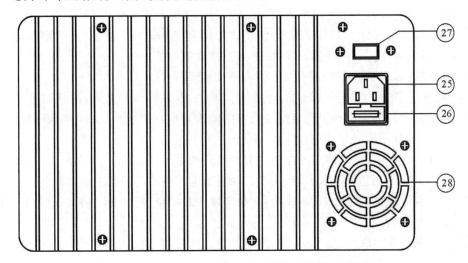

图 1－78　MPS－3003L 可调式直流稳压电源后面板图

(三)使用方法

1.恒电压/恒电流的特性

本电源供应器的工作特性为恒电压/恒电流自动交越的形式,即当输出电流达到预定值时,可自动将电压稳定性转变为电流稳定性的电源供给行为,反之亦然。而恒电压和恒电流交点称之为交越点。例如,有一负载,使其工作电压操作在恒定电压状态下运作,以提供其所需的输出电压,此时,此输出电压停留在一额定电压点,进而增加负载直到限流点的界限。在此点,输出电流成为一恒定电流,且输出电压将有微量比例,甚至更多电压下降。从前面板的 LED 显示,可以了解当红色 C.C. 灯亮时,表示电源供应器在恒电流状态。

同样地,当负载递减时,电压输出渐渐恢复至一恒定电压,交越点将自动将恒定电流转变为恒定电压状态。例如,若要将蓄电池充 12 V 的直流电源,首先将电源供应器输出预设在 13.8 V,而此低电荷的蓄电池形同一个非常大的负载置于电源供应器输出端上;此时电源供应器将处于恒流源状态,然后调整仪器,使其充电于蓄电池上的额定电流为 1 A;完成蓄电池充电,此时蓄电池已不需要1 A额定电流充电。从以上例子就可以看出电源供应器恒流源/恒压源交越特性,即当输出电压达到预定值时,就自动将恒定电流变为恒定电压。

2.双路可调电源独立使用(见图1-79)

(1)将开关⑮和⑭分别置于弹起位置。

(2)作为稳压源使用时,先将旋钮⑥和⑧顺时针调至最大,开机后,分别调节⑤与⑦,使主、从动路的输出电压至需求值。

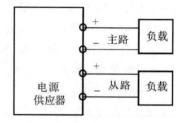

图1-79 双路电源独立使用连接图

(3)作为恒流源使用时,开机后先将旋钮⑤与⑦顺时针调至最大,同时将⑥与⑧逆时针调至最小,接上所需负载,调节⑥与⑧,使主、从动路的输出电流分别至所要的稳流值。

(4)限流保护点的设定:开启电源,将旋钮⑥与⑧逆时针调至最小,并顺时针适当调节⑤与⑦,将输出端子⑯与⑱、⑲与㉑分别短接,顺时针调节旋钮⑥与⑧使主、从动路的输出电流等于所要求的限流保护点电流值,此时保护点就被设定好了。

3.双路可调电源串联使用(见图1-80和图1-81)

(1)将开关⑮按下,将开关⑭弹起,将旋钮⑥与⑧顺时针调至最大,此时调节主电源电压调节钮⑤,从动路的输出电压将跟踪主动路的输出电压,输出电压为两路电压相加,最高可达两路电压的额定值之和(即端子⑯与㉑之间的电压)。

(2)当两路电源串联时,两路的电流调节仍然是独立的,如旋钮⑧不在最大,而在某个限流点,则当负载电流到达该限流点时,从动路的输出电压将不再跟踪主动路调节。

(3)当两路电源串联时,如负载较大,有功率输出时,则应用粗导线将端子⑲与⑱可靠连接,以免损坏机器内部开关。

(4)当两路电源串联时,如主动路和从动路输出的负端与接地端之间接有连接片,应断开,否则将导致从动路短路。

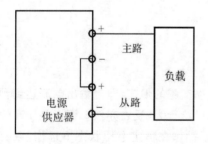

图1-80 单电源串联使用模式

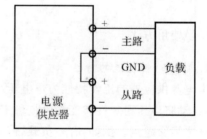

图1-81 正/负双电源串联使用模式

4.双路可调电源并联使用(见图1-82)

(1)将开关⑮和⑭分别按下,两路输出处于并联状态。调节旋钮⑤,两路输出电压一致变化,同时从动路稳流指示灯⑬亮。

(2)在并联状态时,从动路的电流调节⑧不起作用,只需调节⑥,即能使两路电流同时受控,其输出电流为两路电流相加,最大输出电流可达两路额定值之和。

(3)在两路电源并联使用时,如负载较大,有功率输出时,则应用粗导线将端子⑯与⑲、

⑱与㉑分别短接,以免损坏机内切换开关。

5.注意事项

(1)输入电压选择。在接通电源前务必先检查电压是否与当地电网一样。

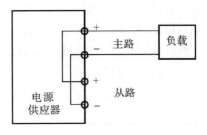

图1-82　双路可调电源并联使用模式

注:若机器带有110 V/220 V电源选择开关,请根据当地电网选择一致的输入电压,以免烧坏机器。

(2)异常操作。本电源具有完善的限流保护功能,当输出端发生短路时,输出电流将被限制在最大限流点而不会再增加,但此时功率管上仍有功率损耗,故一旦发生短路或负荷现象,应及时关掉电源并及时排除故障,使机器恢复正常工作,切不可将输出端连续瞬间短路,以免损坏机器内部电路。

(3)请勿触摸。本电源属于大功率仪器,因此在大负荷使用时应注意电源的通风及散热。电源外壳和散热器温度很高,切忌用手触摸,以免烫伤。

(4)接大地。三芯电源线的保护接地端必须可靠接地,以确保使用者及周边仪器的安全。

(5)预热。当电源闲置时间过长而重新使用时,应先通电预热最少30 min以上,待仪器运行稳定后方可投入使用。

第六节　实验电路的故障检查与排除

检查与排除电路故障,是实验的重要内容之一。能否迅速而准确地排除故障,反映了实验者基础知识和基本技能的水平。

模拟电路类型较多,故障原理与现象不尽相同,因此这里仅介绍检查与排除电路故障的一般方法和步骤。

一、检查电路故障的基本方法

在实验电路搭接好之后,若不能工作,首先应检查电源供电线路,例如检查电源插头(或接线端)接触是否良好、电源线是否折断、保险丝是否完好、整流电路是否正常等。

在确认供电系统正常后,再用下列方法检查实验电路。

1.测试电阻法

用测试电阻法检查实验电路应在关闭电源的情况下进行。

测试电阻法又可分为通断法和测阻值法两种。通断法用于检查电路中连线、焊点有无开路、脱焊,不应连接的点、线之间有无短路等。在使用无焊接实验电路板或接插件时,常出现接触不良、断路或短路故障,利用通断法可以迅速确定故障点。

测试电阻法用来测量电路中元器件本身引线间的阻值,以判断元器件功能是否正常,例如电阻器的阻值是否变更、失效或断路,电容器是否击穿或漏电严重,变压器各绕组间绝缘是否良好,绕组直流电阻值是否正常,半导体器件引线间(即PN结)有无击穿,正、反向阻值是否正常等。

测试电阻法在测试时应注意两点：一是测试电路中电解电容器时,电解电容器的正极端对地应短路一下,泄放掉其存储的电荷,以免损坏欧姆表;二是被测元器件引线至少要有一端与电路脱开,以消除其他元器件的影响。

测试电阻法也可用于检查电路,例如在接入电源U_{CC}之前,可先用欧姆表测一下U_{CC}到地、输入与输出端到地的电阻值,检查实验电路整体是否存在短路或断路故障,以防止电源短路而损坏直流稳压电源,或因输出端短路而损坏实验电路元器件。

2.测试电压法

用测试电阻法检查之后,确认实验电路内无短路故障,即可接上电源U_{CC},观察电路元器件是否有"冒烟"或"过热"等异常现象。若正常,则可用测试电压法继续寻找故障。

使用电压表测试,并将各测试点测得的电压值与有关技术资料给定的正常电压值相比较,判断故障点和故障原因。电路中的电压可分为以下3种情况：

(1)电压值是已知的,如电源电压U_{CC}、稳压管的稳定电压等。

(2)有些测试点的正常电压值可估算出来。如已知晶体管集电极电阻R_C和集电极电流I_{CQ},则R_C上的压降即可求出。

(3)有些测试点的正常电压值可与同类正常电路对比得到。

当使用上述方法时,应明确电路的工作状态,因为工作状态将直接影响各测试点电压的大小和性质。

3.波形显示法

在电路静态正常的条件下,可将信号输入被检查的电路(振荡电路除外),然后用示波器观察各个测试点的电压波形,再根据波形判断电路故障。

波形显示法适用于各类电子电路的故障分析。如对于振荡电路,可以直接测出电路是否起振,振荡波形、幅度和频率是否符合技术要求;对于放大电路,可以判断电路的工作状态是否正常(有无截止或饱和失真),各级电压增益是否符合技术要求以及级间耦合元件是否正常等。

以上对于数字电路同样适用。波形显示法具有直观、方便、有效等优点,因此,它得到了广泛应用。

4.替代法

在故障判断基本正确的情况下,对可能存在故障的元器件,可用同型号的元器件替代。替代后,若电路恢复正常工作,则说明原来的元器件存在故障。这种检查方法,多用于不易直接测试元器件有无故障的情况,如无条件测量电容器容量、晶体管是否存在软击穿。当检查集成电路质量优劣时,可用替代法进行检查。

当用替代法检查电路时,应注意替代前必须检查被替代元器件供电电压是否符合要求,被替代元器件的外围元器件是否正确等。当电源电压不正确或外围元件存在异常现象时,不可贸然替代。特别是对连线较多、功率较大、价格较高的元器件,替代时更应慎重,防止再次造成不必要的损失。

二、排除故障的一般步骤

以上介绍了排除故障的一般方法。至于如何迅速、准确地找出电路故障点,还要遵循一定的步骤。

排除电路故障,要在反复观察、测试与分析的过程中,逐步缩小可能发生故障的范围,逐步排除某些可能发生故障的元器件,最后把故障压缩在一个小的范围内,确定出已损坏或性能变差的元器件。根据这一思路,拟定如下检查步骤。

1.直观检查

观察电路有无损坏迹象,如阻容元件及导线表面颜色有无异变、焊点有无脱焊、导线有无折断,触摸半导体器件外壳是否过热等。若经直观检查未发现故障原因或虽然排除了某些故障,但电路仍不能正常工作,则按下述步骤作进一步检查。

2.判断故障部位

首先应查阅电路原理图,按功能将电路划分成几个部分。弄清信号产生或传递关系以及各部分电路之间的联系和作用原理,然后根据故障观象,分析故障可能发生在哪一部分,再查对安装工艺图,找到各测试点的位置,为检测做好准备。

3.确定故障所在级

根据以上判断,对可能发生故障的部分,用电压测试法对各级电路进行静态检查,用波形显示法进行动态检查。检查顺序可由后级向前级推进或者相反。下面以电压放大电路为例加以说明。

(1)由前级到后级进行检查。将测试信号从第一级输入,用示波器从前级至后级依次测试各级电路输入与输出波形。若发现其中某一级输入波形正常而输出波形不正常或无输出,则可确定该级或该级负载存在故障。为准确判断故障发生的部位,可断开该级的输出负载(即后级耦合电路),若该级仍不正常,则可确定故障就在该级。断开后,若该级输出恢复正常,则故障发生在后级电路和后级输入电路中。

(2)由后而前推进检查。将测试信号由后级向前级分别加在各级电路的输入端,并同时观察各级输入与输出信号波形,如果发现某一级有输入信号而无输出信号或输出信号失常,则该级电路可能有故障,这时可将该级与其前后级断开,并进一步检测。

(3)确定故障点。故障级确定后,要找出发生故障的元器件,即确定故障点。通常是用电压测试法测出电路中各静态电压值,并予以分析,即可确定该级电路中的故障元器件。例如,测得故障级中晶体管的 $U_{BE}=0$,可判断为发射结击穿短路,或者发射极电阻开路;若 $U_{BE} \gg 0.7 \text{ V}$,则可初步确定该管已损坏。然后,切断电源,拆下可能有故障的元器件,再用测试仪器进行检测。这样,即可准确无误地找出故障元器件。

(4)修复电路。找到故障元器件后,还要进一步分析其损坏的原因,以保证电路修复后的稳定性和可靠性。对接线复杂的电路更换新元器件时,要记清各引线的焊接位置,必要时可作适当标记,以免接错而再次损坏元器件。修复的电路应通电试验,测试各项技术指标,看其是否达到了原电路的技术要求。

三、单管共射极放大器故障分析

单管共射极放大器电路如图 1-83 所示。它由 8 个元器件组成。除连线故障外,有 8 个故障点。图中①②③为测试点。

在未进行故障分析之前,估算出各测试点静态电压值和三极管集电极静态参数 I_{CQ},U_{CEQ},有助于迅速确定故障点。

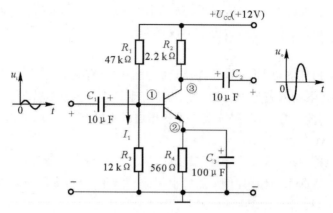

图 1-83 单管共射极放大器电路图

测试点①电压

$$U_B \approx \frac{U_{CC}}{R_1 + R_2} R_2 = \frac{12\ V}{47\ k\Omega + 12\ k\Omega} 12\ k\Omega \approx 2.4\ V$$

测试点②电压

$$U_E \approx U_B - U_{BE} = 2.4\ V - 0.7\ V = 1.7\ V$$

集电极静态电流

$$I_{CQ} \approx I_{EQ} = \frac{U_E}{R_4} = \frac{1.7\ V}{560\ \Omega} \approx 3\ mA$$

测试点③电压

$$U_C = U_{CC} - I_{CQ}R_3 = 12\ V - 2.2\ k\Omega \times 3\ mA = 5.4\ V$$

集电极至发射极静态电压

$$U_{CEQ} = U_C - U_E = 5.4\ V - 1.7\ V = 3.7\ V$$

下面以图 1-83 所示单管共射极放大器为例,分析各元件的故障现象。

1.电阻器故障

(1)R_1 开路。流过 R_1 和基极的电流为零,即 $I_{BQ} = 0$,故知 $I_{CQ} = 0$,致使晶体管截止。
实测电压值为:点 ①$U_B = 0$,点 ②$U_E = 0$,点 ③$U_C = U_{CC} = 12\ V$。
故障现象:无输出信号。

(2)R_2 开路。原来流过 R_2 的电流全部流入基极。但是,基极电流的大小,受晶体管有限增益的限制,因此流过 R_1 的电流减小,R_1 的压降减小,基极电位升高,促使晶体管进入过饱和状态,此时集电极电压 U_C 仅比发射极电压 U_E 高 0.1 V 左右。
实测电压值为:点 ①$U_B = 3.2\ V$,点 ②$U_E = 2.5\ V$,点 ③$U_C = 2.6\ V$。
故障现象:输出信号负半周被切割。

(3)R_3 开路。R_3 开路后,使集电极直流偏置电源被切断。因此,$I_{CQ} = 0$,发射极电流都来自基极,即 $I_{EQ} = I_{BQ}$。这时,晶体管的 BE 结相当一个与 R_4 串联并与 R_2 并联的正向偏置二极管。因为 I_{EQ} 很小，所以发射极电压 U_E 很低，约 0.1 V。虽然集电极 U_C 应为 0 V，但用万用表测量 U_C 时却为 0.1 V 左右。这是因为接入电压表后，晶体管的 BC 结也是一个正向偏置的二极管，电流流经了电压表的高内阻。

实测电压值为：点 ① $U_B=0.8$ V，点 ② $U_E=0.1$ V，点 ③ $U_C=0.1$ V。

故障现象：无输出信号。

(4) R_4 开路。R_4 开路后，导致发射极悬空，故 $I_{EQ}=0$，$I_{CQ}=0$，集电极 $U_C=U_{CC}$，基极电位由 R_1，R_2 分压决定。因为 $I_{BQ}\ll I_1$，所以基极电位与 R_4 未开路时基本相同，发射极电压 U_E 应该等于 0 V，但用电压表测量 $U_E\neq 0$ V，其原因是电压表的内阻使发射极到地构成通路。

实测电压值为：点 ① $U_B=2.4$ V，点 ② $U_E=1.7$ V，点 ③ $U_C=12$ V。

故障现象：无输出信号。

电阻器短路故障极少，故不作分析。

2.电容器故障

(1) C_1 或 C_2 开路。C_1 或 C_2 开路后，放大电路直流偏置条件不变。在动态条件下，用示波器可以迅速查出哪个电容器失效或开路。

故障现象：无输出信号。

(2) C_3 开路。C_3 开路后，直流偏置条件不变。由于 C_3 开路信号电流全部通过 R_4，从而形成电流串联负反馈，使电压增益明显下降。

(3) C_3 短路。C_3 短路后，发射极电阻 R_4 被短接，因此点 ② $U_E=0$ V。这时，三极管处于过饱和状态，集电极电流将会很大，然而集电极电流受到集电极电阻 R_3 的限制，其最大值 $I_{CQ}=U_{CC}/R_3$。

实测电压值为：点 ① $U_B=0.7$ V，点 ② $U_E=1.7$ V，点 ③ $U_C=0.15$ V。

故障现象：当输入信号很小时，无输出信号；当输入信号足够大时，输出为正弦脉冲。

3.三极管故障

(1)BC 结开路。集电极静态电流 $I_{CQ}=0$，BE 结正向偏置。

实测电压值为：点 ① $U_B=0.8$ V，点 ② $U_E=0.1$ V，点 ③ $U_C=12$ V。

故障现象：无输出信号。

(2)BE 结短路。集电极与基极电位相同，即 $U_B=U_C$。这时形成了一条 $R_3\to$ BE 结 $\to R_4$ 的串联通路，其电阻值比 R_1 或 R_2 小得多，故 R_1，R_2 的影响可忽略不计。流过 R_4 的电流为

$$I_E\approx\frac{U_{CC}-U_{BE}}{R_3+R_4}=\frac{12-0.7}{2.2+0.56}\approx 4\text{ mA}$$

实测电压值为：点 ① $U_B=3$ V，点 ② $U_E=2.3$ V，点 ③ $U_C=3$ V。

故障现象：输出信号与输入信号大小近似相等，相位相同。

(3)BE 结开路。BE 结开路后，BC 结反偏，$I_{BQ}=0$ V，$I_{CQ}=0$ V，R_3 和 R_4 上的压降为 0 V，U_B 由 R_1，R_2 分压决定。

实测电压值为：点 ① $U_B=2.4$ V，点 ② $U_E=0$ V，点 ③ $U_C=12$ V。

故障现象：无输出信号。当基极引线或发射极引线断开（或接触不良）时，故障现象与

BE 结开路时完全相同。

（4）BE结短路。BE结短路后，R_4 与 R_2 并联，晶体管失去电流控制作用，$I_{CQ}=0$ V，因此 $U_E=U_B$，且电压较低（R_4 的阻值很小）。

实测电压值为：点 ①$U_B=0.13$ V，点 ②$U_E=0.13$ V，点 ③$U_C=12$ V。

故障现象：无输出信号。

（5）CE 结短路。晶体管的 CE 结短路后，发射极与集电极等电位，即 $U_E=U_C$，其值等于 R_3 和 R_4 的分压值。基极电位不变，这是因为发射极电位高于基极，致使 BE 结反偏的缘故。

实测电压值为：点 ①$U_B=2.4$ V，点 ②$U_E=2.56$ V，点 ③$U_C=2.5$ V。

故障现象：无输出信号。

上述故障分析方法，对于多级交流放大电路来说同样适用，但注意在分析和检测过程中，还须考虑耦合元件故障造成前后级互相影响的因素。

第二部分

基础实验

　　根据《模拟电子技术实验教学大纲》的要求,本部分共编写了19个实验。其中,主要是验证性实验,用于加强和巩固学生所学基础知识;在这些基础上,安排了应用性实验,用于检验学生对所学基础知识灵活运用的能力,以提高实际动手能力。在内容安排上,遵循从基础到应用、从验证到设计的思路。

　　在教学实际中,可以根据学生所学的理论知识,选做相关的内容,其他部分可作为学生课外实习的内容。

实验一　常用电子仪器的使用

一、实验目的

(1)了解示波器、函数信号发生器、直流稳压电源、交流毫伏表及万用表的工作原理和主要技术性能。

(2)熟悉常用仪器上各旋钮的功能,掌握正确的使用方法。

二、实验原理

在模拟电子电路实验中,经常使用的电子仪器有示波器、函数信号发生器、直流稳压电源、交流毫伏级电压表及频率计等。它们和万用表一起,可以完成对模拟电子电路静态和动态工作情况的测试。

实验中要对各种电子仪器进行综合使用,可按照信号流向,以连线简捷、调节顺手、观察与读数方便等原则进行合理布局,各仪器与被测实验装置之间的布局与连接如图 2-1 所示。接线时应注意,为防止外界干扰,各仪器的公共接地端应连接在一起,称"共地"。信号源和交流毫伏级电压表的引线通常用屏蔽线或专用电缆线,示波器接线使用专用电缆线,直流电源的接线用普通导线。

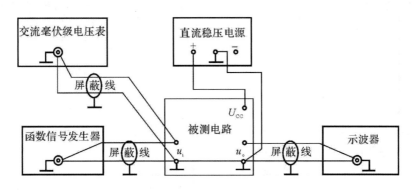

图 2-1　模拟电子电路中常用电子仪器布局图

1.函数信号发生器

函数信号发生器主要由信号产生电路、信号放大电路等部分组成,可输出正弦波、方波、三角波 3 种信号波形。输出信号电压幅度可由输出幅度调节旋钮进行调节,输出信号频率可通过频段选择及调频旋钮进行调节。

使用方法：打开电源开关，通过"波形选择"开关选择所需信号波形；通过"频段选择"找到所需信号频率所在的频段；配合"调频"旋钮，找到所需信号频率；通过"调幅"旋钮得到所需信号幅度。

2.交流毫伏级电压表

交流毫伏级电压表是一种用于测量正弦电压有效值的电子仪器，主要由分压器、交流放大器、检波器等主要部分组成。电压测量范围为 1 mV～300 V。

使用方法：将"测量范围"开关放到最大量程挡（300 V）接通电源；将输入端短路，使"测量范围"开关置于最小挡（10 mV），调节"零点校准"使电表指示为 0；去掉短路线，接入被测信号电压，根据被测电压的数值，选择适当的量程，若事先不知被测电压的范围，应先将量程放到最大挡，再根据读数逐步减小量程，直到合适的量程为止；用完后，应将选择"测量范围"开关放到最大量程挡，然后关掉电源。

注意事项：①当接短路线时，应先接地线后接另一根线；当取下短路线时，应先取另一根线后取地线。②当测量时，仪器的地线应与被测电路的地线接在一起。

3.示波器

示波器是一种用来观测各种周期性变化电压波形的电子仪器，可用来测量其幅度、频率、相位等。一个示波器主要由显示器、垂直放大器、水平放大器、锯齿波发生器、衰减器等部分组成。

使用方法：打开电源开关，适当调节垂直（↕）和水平（↔）移位旋钮，将光点或亮线移至荧光屏的中心位置。当观测波形时，将被观测信号通过专用电缆线与 CH1（或 CH2）输入插口接通，将触发方式开关置于"自动"位置，触发源选择开关置于"内"，改变示波器扫速和灵敏度，在荧光屏上显示出一个或数个稳定的信号波形。

三、实验设备与器件

(1)函数信号发生器。

(2)交流毫伏级电压表。

(3)双踪示波器。

(4)模拟电子技术实验箱。

(5)万用表。

(6)导线。

四、实验内容

函数信号发生器输出频率分别为 1 kHz 和 5 kHz，输出有效电压相应为 1 V 和 2 V，用示波器观察画出波形并把测量结果填入表 2-1。

表 2-1 测量结果

测量信号	测量项目	测时间			测电压			
		一个周期所占格数	扫速 t/div	周期 T	频率 f	峰峰之间格数	灵敏度	U_{PP}	U
1 kHz	1 V								
5 kHz	2 V								

五、仪器使用注意事项

每一台电子仪器都有规定的操作规程,使用者必须严格遵守。一般电子仪器在使用前后及使用过程中,都应注意以下方面。

1.仪器开机前注意事项

(1)在开机通电前,应检查仪器设备的工作电压与电源电压是否相符。

(2)在开机通电前,应检查仪器面板上各开关、旋钮、接线柱、插孔等是否松动或滑位,如发生这些现象,应加以紧固或整位,以防止因此而牵断仪器内部连线,造成断开、短路以及接触不良等人为故障。

(3)在开机通电时,应检查电子仪器的接"地"情况是否良好。

2.仪器开机时注意事项

(1)在仪器开机通电时,应使仪器预热 5～10 min,待仪器稳定后再行使用。

(2)在开机通电时,应注意检查仪器的工作情况,即眼看、耳听、鼻闻以及检查有无不正常现象。如发现仪器内部有响声、臭味、冒烟等异常现象,应立即切断电源,在尚未查明原因之前,应禁止再次通电,以免扩大故障。

(3)在开机通电时,如发现仪器的保险管烧断,应更换相同容量的保险管。如第二次开机通电,又烧断保险管,应立即检查,不应第三次调换保险管通电,更不应该随便加大保险管容量,否则导致仪器内部故障扩大,造成严重损坏。

3.仪器使用过程中注意事项

(1)在仪器使用过程中,对于面板上各种旋钮、开关的作用及正确使用方法,必须予以了解。对旋钮、开关的扳动和调节,应缓慢稳妥,不可猛扳猛转,以免造成松动、滑位、断裂等人为故障。对于输出、输入电缆的插接,应握住套管操作,不应直接用力拉扯电缆线,以免拉断内部导线。

(2)信号发生器输出端不应直接连到直流电压电路上,以免损坏仪器。对于功率较大的电子仪器,二次开机时间间隔要长,不应关机后马上二次开机,否则会烧断保险丝。

(3)使用仪器测试时,应先连接"低电位"端(地线),然后连接"高电位"端。反之,测试完毕应先拆除"高电位"端,后拆除"低电位"端。否则,会导致仪器过负荷,甚至损坏仪表。

4.仪器使用后注意事项

(1)仪器使用完毕,应切断仪器电源开关。

(2)仪器使用完毕,应整理好仪器零件,以免散失或错配而影响以后使用。

(3)仪器使用完毕,应盖好仪器罩布,以免沾积灰尘。

5.仪器测量时连接

在电子测量中,应特别注意仪器的"共地"问题,即电子仪器相互连接或仪器与实验电路连接时"地"电位端应当可靠连接在一起。由于大多数电子仪器的两个输出端或输入端总有一个与仪器外壳相连,并与电缆引线的外屏蔽线连在一起,这个端点通常用符号"⊥"表示。在电子技术实验中,因为工作频率高,为避免外界干扰和仪器串扰,对实验结果带来影响,导致测量误差增大,所以所有仪器的"地"电位端与实验电路的"地"电位端必须可靠连接在一起,即"共地"。

六、实验报告要求

(1)记录实验数据,填写实验数据记录表。

(2)整理实验数据,分析实验结果,认真书写实验报告,并回答思考题。

七、思考题

(1)在电子测量中,为什么要注意仪器"共地"问题?

(2)信号发生器最大输出为 5 V,当"输出衰减"旋钮置于 60 dB 挡时,输出电压变化范围为多大? 如何调节 5 mV/1 kHz 信号?

(3)使用示波器时,要达到下列要求应调节哪些旋钮?

1)使波形清晰。

2)亮度适中。

3)波形稳定。

4)波形上下移动。

5)波形左右移动。

6)改变波形显示周期个数。

7)改变波形显示高度。

(4)交流毫伏级电压表是用来测量正弦波电压还是非正弦波电压的? 它的表头指示值是被测信号的什么数值? 它是否可以用来测量直流电压的大小?

实验二 共射极单级放大器

一、实验目的

(1)学会放大器静态工作点的调试方法,定性了解静态工作点对放大器性能的影响。

(2)掌握放大器电压放大倍数、输入电阻、输出电阻及最大不失真输出电压的测试方法。

二、实验原理

图2-2所示为电阻分压式共射板放大器实验电路图。它的偏置电路采用 R_{B1} 和 R_{B2} 组成的分压电路,并在发射极中接有电阻 R_E,以稳定放大器的静态工作点。当在放大器的输入端加入输入信号 u_i 时,在放大器的输出端便可得到一个与 u_i 相位相反,幅值被放大了的输出信号 u_o,从而实现了电压放大。

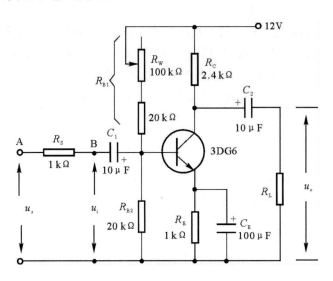

图2-2 共射极放大器实验电路

在图2-2中,旁路电容 C_E 使 R_E 对交流短路,而不致影响放大倍数,耦合电容 C_1 和 C_2 起隔直和传递交流的作用。当流过偏置电阻 R_{B1} 和 R_{B2} 的电流远大于晶体管的基极电流 I_B 时(一般 $5 \sim 10$ 倍),则它的静态工作点可用下式估算:

$$U_B \approx \frac{R_{B1}}{R_{B1} + R_{B2}} U_{CC}$$

$$I_E \approx \frac{U_B - U_{BE}}{R_E} \approx I_C$$

$$U_{CE} = U_{CC} - I_C(R_C + R_E)$$

电压放大倍数

$$A_U = -\beta \frac{R_C // R_L}{r_{BE}}$$

输入电阻

$$R_i = R_{B1} // R_{B2} // r_{BE}$$

输出电阻

$$R_o \approx R_C$$

由于电子器件性能的分散性比较大,因此在设计和制作晶体管放大电路时,离不开测量和调试技术。在设计前应测量所用元器件的参数,为电路设计提供必要的依据,在完成设计和装配以后,还必须测量和调试放大器的静态工作点和各项性能指标。一个优质放大器,必定是理论设计与实验调整相结合的产物。因此,除了学习放大器的理论知识和设计方法外,还必须掌握必要的测量和调试技术。

放大器的测量和调试一般包括:放大器静态工作点的测量与调试,消除干扰与自激振荡及放大器各项动态参数的测量与调试等。

1.放大器静态工作点的测量与调试

(1)静态工作点的测量。测量放大器的静态工作点,应在输入信号 $u_i = 0$ 的情况下进行,即将放大器输入端与地端短接,然后选用量程合适的直流毫安级电流表和直流电压表,分别测量晶体管的集电极电流 I_C 以及各电极对地的电位 U_B,U_C 和 U_E。一般在实验中,为了避免断开集电极,因此采用测量电压 U_E 或 U_C,然后算出 I_C 的方法。例如,只要测出 U_E,即可用

$$I_C \approx I_E = \frac{U_E}{R_E}$$

算出 I_C,同时也能算出 $U_{BE} = U_B - U_E$,$U_{CE} = U_C - U_E$。

为了减小误差,提高测量精度,应选用内阻较高的直流电压表。

(2)静态工作点的调试。放大器静态工作点的调试是指对管子集电极电流 I_C(或 U_{CE})的调整与测试。

静态工作点是否合适,对放大器的性能和输出波形都有很大影响。如工作点偏高,放大器在加入交流信号以后易产生饱和失真,此时 u_o 的负半周将被削底,如图2-3(a)所示;如工作点偏低则易产生截止失真,即 u_o 的正半周将被缩顶(一般截止失真不如饱和失真明显),如图2-3(b)所示。这些情况都不符合不失真放大的要求。因此在选定工作点以后还必须进行动态调试,即在放大器的输入端加入一定的输入电压 u_i,检查输出电压 u_o 的大小和波形是否满足要求,如不满足要求,则应调节静态工作点的位置。

改变电路参数 U_{CC},R_C,R_B(R_{B1},R_{B2})都会引起静态工作点的变化,如图2-4所示。但

通常多采用调节偏置电阻 R_{B2} 的方法来改变静态工作点,如减小 R_{B2},则可使静态工作点提高等。

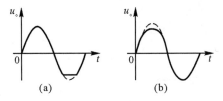

图 2-3 静态工作点对 u_o 波形失真的影响

最后还要说明的是,上面所说的工作点"偏高"或"偏低"不是绝对的,应该是相对信号的幅度而言,如输入信号幅度很小,即使工作点较高或较低也不一定会出现失真。因此确切地说,产生波形失真是信号幅度与静态工作点设置配合不当所致。如需满足较大信号幅度的要求,静态工作点最好尽量靠近交流负载线的中点。

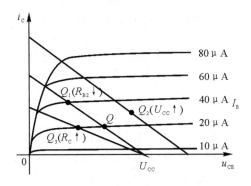

图 2-4 电路参数对静态工作点的影响

2.放大器动态指标测试

放大器动态指标包括电压放大倍数、输入电阻、输出电阻、最大不失真输出电压(动态范围)和通频带等。

(1) 电压放大倍数 A_U 的测量。调整放大器到合适的静态工作点,然后加入输入电压 u_i,在输出电压 u_o 不失真的情况下,用交流毫伏级电压表测出 u_i 和 u_o 的有效值 U_i 和 U_o,则

$$A_U = \frac{U_o}{U_i}$$

(2) 输入电阻 R_i 的测量。为了测量放大器的输入电阻,按图 2-5 所示电路在被测放大器的输入端与信号源之间串入一已知电阻 R,在放大器正常工作的情况下,用交流毫伏级电压表测出 U_S 和 U_i,则根据输入电阻的定义可得

$$R_i = \frac{U_i}{I_i} = \frac{U_i}{\dfrac{U_R}{R}} = \frac{U_i}{U_S - U_i} R$$

测量时应注意下列几点:

1) 由于电阻 R 两端没有电路公共接地点,因此测量 R 两端电压 U_R 时必须分别测出 U_S 和 U_i,然后按 $U_R = U_S - U_i$ 求出 U_R 值。

2) 电阻 R 的值不宜取得过大或过小,以免产生较大的测量误差,通常取 R 与 R_i 为同一数量级为好,本实验可取 $R = 1 \sim 2 \ \text{k}\Omega$。

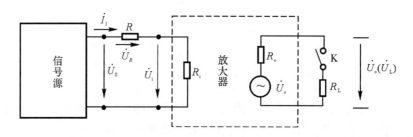

图 2-5　输入、输出电阻测量电路

(3) 输出电阻 R_o 的测量。按图 2-5 所示电路,在放大器正常工作条件下,测出输出端不接负载 R_L 的输出电压 U_o 和接入负载后的输出电压 U_L,根据

$$U_L = \frac{R_L}{R_o + R_L} U_o$$

即可求出

$$R_o = \left(\frac{U_o}{U_L} - 1\right) R_L$$

在测试中应注意,必须保持 R_L 接入前后输入信号的大小不变。

(4) 最大不失真输出电压 U_{oPP} 的测量(最大动态范围)。如上所述,为了得到最大动态范围,应将静态工作点调在交流负载线的中点。为此在放大器正常工作情况下,逐步增大输入信号的幅度,并同时调节 R_w(改变静态工作点),用示波器观察 u_o,当输出波形同时出现削底和缩顶现象(见图 2-6)时,说明静态工作点已调在交流负载线的中点。然后反复调整输入信号,使波形输出幅度最大,且无明显失真时,用交流毫伏级电压表测出 U_o(有效值),则动态范围等于 $2\sqrt{2} U_o$,或用示波器直接读出 U_{oPP} 来。

(5) 放大器幅频特性的测量。放大器的幅频特性是指放大器的电压放大倍数 A_U 与输入信号频率 f 之间的关系曲线。单管阻容耦合放大电路的幅频特性曲线如图 2-7 所示,A_{Um} 为中频电压放大倍数,通常规定电压放大倍数随频率变化下降到中频放大倍数的 $1/\sqrt{2}$ 倍(即 $0.707 A_{Um}$)所对应的频率分别称为下限频率 f_L 和上限频率 f_H,则通频带

$$f_{BW} = f_H - f_L$$

放大器的幅率特性就是测量不同频率信号时的电压放大倍数 A_U。为此,可采用前述测 A_U 的方法,每改变一个信号频率,测量其相应的电压放大倍数,测量时应注意取点要恰当,在低频段与高频段应多测几点,在中频段可以少测几点。此外,当改变频率时,要保持输入信号的幅度不变,且输出波形不得失真。

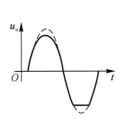

图 2－6　静态工作点正常,输入信号
　　　　太大引起的失真

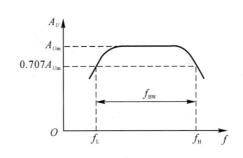

图 2－7　幅频特性曲线

三、实验设备与器件

(1) ＋12 V 直流电源。

(2) 函数信号发生器。

(3) 双踪示波器。

(4) 交流毫伏级电压表。

(5) 万用表。

(6) 直流毫安级电流表。

(7) 频率计。

(8) 模拟电子技术实验箱。

四、实验内容

实验电路如图 2－2 所示。各电子仪器可按图 2－1 所示方式连接,为防止干扰,各仪器的公共端必须连在一起,同时信号源、交流毫伏级电压表和示波器的引线应采用专用电缆线或屏蔽线。如使用屏蔽线,则屏蔽线的外包金属网应接在公共接地端上。

1.测量静态工作点

接通电源前,将 R_W 调至最大,放大器工作点最低,函数信号发生器输出旋钮旋至零。

接通 ＋12 V 电源,调节 R_W,使 $U_{CE}=6$ V,用直流电压表测量 U_B,U_E,U_C 的值,记入表 2－2。

表 2－2　静态工作参数测量记录表

测　量　值				计　算　值	
U_B/V	U_E/V	U_C/V	U_{CE}/V	U_{BE}/V	$I_C/mA \approx I_E$

2.测量电压放大倍数

在放大器输入端(B点)输入电压为 $U_i=10$ mV、频率为 1 kHz 的正弦信号,用示波器观察放大器输入电压 U_i、输出电压 U_o.(R_L 两端)的波形,在波形不失真的条件下,用交流毫伏级电压表测量下述两种情况下的 U_i 和 U_o 值,并用双踪示波器观察 U_o 和 U_i 的相位关系,记入表 2－3(a)。

表 2－3(a)   电压放大倍数测量记录表

$R_C/\text{k}\Omega$	$R_L/\text{k}\Omega$	U_i/V	U_o/V	A_U
2.4	2.4			

3.观察静态工作点对电压放大倍数的影响

置 $R_L=\infty$，$U_i=10\text{ mV}$，调节 R_w，用示波器监视输出电压波形，在 U_o 不失真的条件下，测量 I_C 和 U_o 值，记入表 2－3(b)。

表 2－3(b)   不同静态工作点对电压放大倍数测量记录表

I_C/mV			1.5	
U_o/mV				
A_U				

4.观察静态工作点对输出波形失真的影响

置 $U_i=0$，调节 R_w 使 $U_E=1.5\text{ V}$，测出 U_{CE} 值。再逐步加大输入信号，使输出电压 U_o 足够大但不失真。然后保持输入信号不变，分别增大和减小 R_w，使波形出现失真，绘出 U_o 的波形，并测出失真情况下的 I_C 和 U_{CE} 值，记入表 2－4 中。每次测 I_C 和 U_{CE} 值时都要将信号源的输出旋钮旋至零。

表 2－4   输出波形失真下的 I_C 和 U_{CE} 测量记录表

I_C/mA	U_{CE}/V	U_o 波形	失真情况	管子工作状态
1.5				

5.测量最大不失真输出电压

按照实验原理中所述方法，同时调节输入信号的幅度和电位器 R_w，用示波器和交流毫伏级电压表测量 U_{opp} 及 U_o 值，记入表 2－5。

表 2－5   最大不失真条件下 U_{opp} 与 U_o 值记录表

U_i/mV	U_{OPP}/V	U_O/V

6.测量输入电阻和输出电阻

置 $U_{CE}=6\text{ V}$。输入频率 $f=1\text{ kHz}$ 的正弦信号(在 A 点输入)，在输出电压 U_o 不失真的情况下，用交流毫伏级电压表测出 U_S、U_i 和 U_L，记入表 2－6。

保持 U_S 不变，断开 R_L，测量输出电压 U_o，记入表 2－6。

表 2 - 6 输入电阻与输出电阻测量记录表

U_S/mA	U_i/mV	$R_S/k\Omega$	$R_i/k\Omega$	U_L/V	U_o/V	$R_L/k\Omega$	$R_o/k\Omega$

7.测量幅频特性曲线

取 $U_{CE}=6$ V，保持输入信号 U_i（B点输入）的幅度不变，改变信号源频率 f，逐点测出相应的输出电压 U_o，记入表 2 - 7。

表 2 - 7 幅频特性测量记录表

f/kHz	f_L	f_0	f_H
U_o/V			
$A_U = U_o/U_i$			

为了频率 f 取值合适，可先找出输出电压最大 U_{max} 的频率 f_0（中心频率）。利用 $U_R = 0.707U_{max}$，计算上下半功率频率点 U_R 值。分别增加和减小信号的频率，分别记录 $U_R = 0.707U_{max}$ 时，对应的信号频率值 f_L，f_H。在 f_L，f_H 两侧，按频率递增或递减 500 Hz 或 1 kHz，依次各取 8 个测量点，逐点测出 U_o 之值。

五、实验报告要求

(1) 列表整理测量结果，并把实测的静态工作点、电压放大倍数、输入电阻、输出电阻之值与理论计算值比较（取一组数据进行比较），分析产生误差原因。

(2) 总结 R_C，R_L 及静态工作点对放大器放大倍数、输入电阻、输出电阻的影响。

(3) 讨论静态工作点变化对放大器输出波形的影响。

(4) 分析讨论在调试过程中出现的问题。

六、思考题

(1) 假设：3DG6 的 $\beta = 100$，$R_{B1} = 20$ kΩ，$R_{B2} = 60$ kΩ，$R_C = 2.4$ kΩ，$R_L = 2.4$ kΩ。估算放大器的静态工作点，电压放大倍数 A_U，输入电阻 R_i 和输出电阻 R_o。

(2) 能否用直流电压表直接测量晶体管的 U_{BE}？为什么实验中要采用先测 U_B，U_E，再间接算出 U_{BE} 的方法？

(3) 当调节偏置电阻 R_{B1}，使放大器输出波形出现饱和或截止失真时，晶体管的管压降 U_{CE} 怎样变化？

(4) 改变静态工作点对放大器的输入电阻 R_i 有无影响？改变外接电阻 R_L 对输出电阻 R_o 有无影响？

(5) 讨论 R_B 的变化对静态工作点 Q，放大倍数 A_U 及输出波形失真的影响，从而说明静态工作点的意义。

(6) 若单级放大器的输出波形失真，应如何解决？

实验三　射极跟随器

一、实验目的

(1)掌握射极跟随器的特性及测试方法。

(2)进一步学习放大器各项参数测试方法。

二、实验原理

射极跟随器的原理图如图2-8所示。它是一个电压串联负反馈放大电路,具有输入电阻高,输出电阻低,电压放大倍数接近于1,输出电压能够在较大范围内跟随输入电压作线性变化以及输入、输出信号同相等特点。

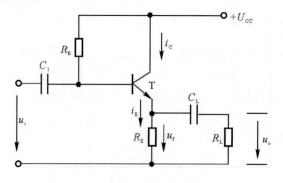

图2-8　射极跟随器

射极跟随器的输出取自发射极,故又称其为射极输出器。

1.输入电阻 R_i

$$R_i = r_{BE} + (1+\beta)R_E$$

如考虑偏置电阻 R_B 和负载 R_L 的影响,则

$$R_i = R_B /\!/ [r_{BE} + (1+\beta)(R_E /\!/ R_L)]$$

由上式可知射极跟随器的输入电阻 R_i 比共射极单管放大器的输入电阻 $R_i = R_B /\!/ r_{BE}$ 要高得多,但由于偏置电阻 R_B 的分流作用,输入电阻难以进一步提高。

输入电阻的测试方法同单管放大器,实验线路如图2-9所示。

根据公式

$$R_i = \frac{U_i}{I_i} = \frac{U_i}{U_s - U_i} R$$

只要测得 A,B 两点的对地电位即可计算出 R_i。

2.输出电阻 R_o

如图 2-9 所示电路,有

$$R_o = \frac{r_{BE}}{\beta} \parallel R_E \approx \frac{r_{BE}}{\beta}$$

如考虑信号源内阻 R_S,则

$$R_o = \frac{r_{BE} + (R_S \parallel R_B)}{\beta} \parallel R_E \approx \frac{r_{BE} + (R_S \parallel R_B)}{\beta}$$

由上式可知射极跟随器的输出电阻 R_o 比共射极单管放大器的输出电阻 $R_o \approx R_C$ 低得多。三极管的 β 愈高,输出电阻愈小。

输出电阻 R_o 的测试方法亦同单管放大器,即先测出空载输出电压 U_o,再测出接入负载 R_L 后的输出电压 U_L,根据

$$U_L = \frac{R_L}{R_o + R_L} U_o$$

即可求出

$$R_o = \left(\frac{U_o}{U_L} - 1 \right) R_L$$

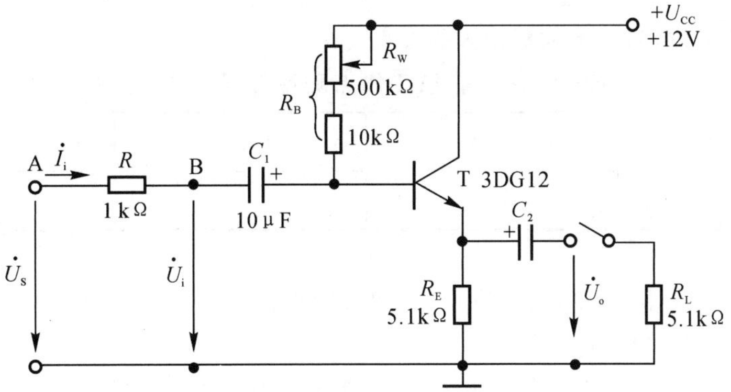

图 2-9　射极跟随器实验电路

3.电压放大倍数

如图 2-9 所示电路,有

$$A_U = \frac{(1+\beta)(R_E \parallel R_L)}{r_{BE} + (1+\beta)(R_E \parallel R_L)} \leqslant 1$$

上式说明射极跟随器的电压放大倍数小于或等于 1,且为正值。这是深度电压负反馈的结果。但因为它的射极电流仍比基流大 $(1+\beta)$ 倍,所以它具有一定的电流和功率放大作用。

4.电压跟随范围

电压跟随范围是指射极跟随器输出电压 u_o 跟随输入电压 u_i 作线性变化的区域。当 u_i

超过一定范围时,u_o便不能跟随 u_i 作线性变化,即 u_o 波形产生了失真。为了使输出电压 u_o 正、负半周对称,并充分利用电压跟随范围,静态工作点应选在交流负载线中点,测量时可直接用示波器读取 u_o 的峰峰值,即电压跟随范围;或用交流毫伏级电压表读取 u_o 的有效值,则电压跟随范围

$$U_{oPP} = 2\sqrt{2}U_o$$

三、实验设备与器件

(1) ＋12 V 直流电源。

(2) 函数信号发生器。

(3) 双踪示波器(另配)。

(4) 交流毫伏级电压表。

(5) 万用表。

(6) 频率计。

(7) 模拟电子技术实验箱。

四、实验内容

按图 2－9 所示组接电路。

1．静态工作点的调整

接通＋12 V 直流电源,然后置 $U_i = 0$,反复调整 R_w,使 $U_E = 6$ V,用直流电压表测量晶体管各电极对地电位,将测得数据记入表 2－8。

表 2－8　静态工作点测量数据记录表

U_E/V	U_B/V	U_C/V	I_E/mA

在下面整个测试过程中应保持 R_w 值不变(即保持静态工作点 I_E 不变)。

2．测量电压放大倍数 A_U

接入负载 $R_L = 1$ kΩ,在 B 点加频率 $f = 1$ kHz 正弦信号 u_i,调节输入信号幅度,用示波器观察输出波形 u_o,在输出最大不失真情况下,用交流毫伏级电压表测 U_i,U_L 值,记入表 2－9。

表 2－9　电压放大倍数测量数据记录表

U_i/V	U_L/V	A_U

3．测量输出电阻 R_o

接上负载 $R_L = 1$ kΩ,在 B 点加频率 $f = 1$ kHz 正弦信号 u_i,用示波器监视输出波形,测空载输出电压 U_o,有负载时输出电压 U_L,记入表 2－10。

表 2－10   输出电阻测量数据记录表

U_o/V	U_L/V	$R_o/kΩ$

4.测量输入电阻 R_i

在 A 点加频率 $f=1$ kHz 的正弦信号 u_S，用示波器监视输出波形，用交流毫伏级电压表分别测出 A，B 点对地的电位 U_S，U_i，记入表 2－11。

表 2－11   输入电阻测量数据记录表

U_S/V	U_i/V	$R_i/kΩ$

5.测试跟随特性

接入负载 $R_L=1$ kΩ，在 B 点加入频率 $f=1$ kHz 正弦信号 u_i，逐渐增大信号 u_i 幅度，用示波器监视输出波形直至输出波形达最大不失真，测量对应的 U_L 值，记入表 2－12。

表 2－12   跟随特性测试数据记录表

U_i/V	
U_L/V	

6.测试频率响应特性

保持输入信号 u_i 幅度不变，改变信号源频率，用示波器监视输出波形，用交流毫伏级电压表测量不同频率下的输出电压 U_L 值，记入表 2－13。

表 2－13   频率响应特性测试数据记录表

f/kHz	
U_L/V	

五、实验报告要求

(1) 整理实验数据，并画出曲线 $U_L=f(U_i)$ 及曲线 $U_L=f(f)$。

(2) 分析射极跟随器的性能和特点。

附：采用自举电路的射极跟随器

在一些电子测量仪器中，为了减轻仪器对信号源所取用的电流，以提高测量精度，通常采用如图 2－10 所示带有自举电路的射极跟随器，以提高偏置电路的等效电阻，从而保证射极跟随器有足够高的输入电阻。

六、思考题

(1) 能否用直流电压表直接测量晶体管的 U_{BE}？ 为什么实验中要采用测 U_B，U_E，再间

接算出 U_{BE} 的方法？

（2）怎样测量 R_{B2} 阻值？

（3）R_B 电阻的选择对提高放大器输入电阻有何影响？

（4）根据实验结果说明 R_E 的大小应如何选择。

（5）说明工作电流 I_E 为什么大一些为好。

（6）当调节偏置电阻 R_{B2}，使放大器输出波形出现饱和或截止失真时，晶体管的管压降 U_{CE} 怎样变化？

（7）改变静态工作点对放大器的输入电阻 R_i 有无影响？改变外接电阻 R_L 对输出电阻 R_o 有无影响？

（8）在测试 A_U，R_i 和 R_o 时，怎样选择输入信号的大小和频率？为什么信号频率一般选 1 kHz，而不选 100 kHz 或更高？

（9）测试中，如果将函数信号发生器、交流毫伏级电压表、示波器中任一仪器的两个测试端子接线换位（即各仪器的接地端不再连在一起），将会出现什么问题？

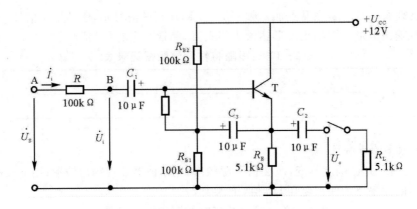

图 2-10　有自举电路的射极跟随器

实验四　场效应管放大器

一、实验目的

(1)了解结型场效应管的性能和特点。

(2)进一步熟悉放大器动态参数的测试方法。

二、实验原理

场效应管是一种电压控制型器件,按结构可分为结型和绝缘栅型两种类型。因为场效应管栅、源之间处于绝缘或反向偏置,所以输入电阻很高(一般可达上百兆欧);加之制造工艺较简单,便于大规模集成,因此它得到越来越广泛的应用。

1.结型场效应管的特性和参数

场效应管的特性主要有输出特性和转移特性。图 2-11 所示为 N 沟道结型场效应管 3DJ6F 的输出特性和转移特性曲线,其直流参数主要有饱和漏极电流 I_{DSS}、夹断电压 U_P 等,交流参数主要有低频跨导,即

$$g_m = \frac{I_D}{U_{GS}}\bigg|_{U_{DS}=\text{常数}}$$

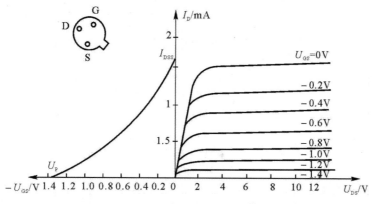

图 2-11　3DJ6F 的输出特性和转移特性曲线

表 2-14 列出了 3DJ6F 的典型参数值及测试条件。

表 2 – 14　3DT6F 的参数值

参数名称	饱和漏极电流 I_{DSS}/mA	夹断电压 U_P/V	跨导 g_m/(μA·V^{-1})
测试条件	$U_{DS} = 10$ V $U_{GS} = 0$ V	$U_{DS} = 10$ V $I_{DS} = 50\ \mu$A	$U_{DS} = 10$ V $I_{DS} = 3$ mA $f = 1$ kHz
参数值	$1 \sim 3.5$	< 9	> 100

2.场效应管放大器性能分析

图 2 – 12 所示为结型场效应管组成的共源极放大电路。其静态工作点有

$$U_{GS} = U_G - U_S = \frac{R_{g1}}{R_{g1} + R_{g2}} U_{CC} - I_D R_S$$

$$I_D = I_{DSS}\left(1 - \frac{U_{GS}}{U_p}\right)^2$$

中频电压放大倍数

$$A_U = -g_m R'_L = -g_m R_D \parallel R_L$$

输入电阻

$$R_i = R_G + R_{g1} \parallel R_{g2}$$

输出电阻

$$R_o \approx R_D$$

上述式中跨导 g_m 可由特性曲线用作图法求得，或用公式 $g_m = -\dfrac{2I_{DSS}}{U_P}\left(1 - \dfrac{U_{GS}}{U_P}\right)$ 计算。但要注意,计算时 U_{GS} 要用静态工作点处的数值。

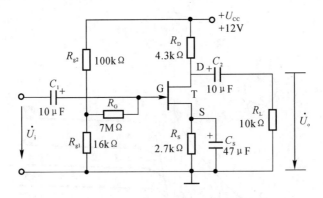

图 2 – 12　结型场效应管共源极放大器

3.输入电阻的测量方法

场效应管放大器的静态工作点、电压放大倍数和输入电阻的测量方法,与实验二中晶体管放大器的测量相同。输入电阻的测量电路如图 2 – 13 所示。在放大器的输入端串入电阻 R,把开关 K 掷向

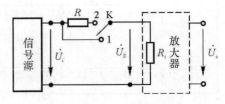

图 2 – 13　输入电阻测量电路

位置"1"(即使 $R=0$),测量放大器的输出电压 $U_{o1}=A_U U_S$;保持 U_S 不变,再把 K 掷向"2"(即接入 R),测量放大器的输出电压 U_{o2}。由于两次测量中 A_U 和 U_S 保持不变,故

$$U_{o2}=A_U U_i=\frac{R_i}{R+R_i}U_S A_U$$

由此可以求出

$$R_i=\frac{U_{o2}}{U_{o1}-U_{o2}}R$$

式中:R 和 R_i 不要相差太大,本实验可取 $R=100\sim200\ \mathrm{k\Omega}$。

三、实验设备与器件

(1)＋12 V 直流电源。

(2)函数信号发生器。

(3)双踪示波器。

(4)交流毫伏级电压表。

(5)万用表。

(6)模拟电子技术实验箱。

四、实验内容

1.静态工作点的测量和调整

按图 2-12 所示连接电路(自行搭接电路,各连线尤其是接地连线应尽量短),接通＋12 V 电源,用万用表测量 U_G,U_S 和 U_D。检查静态工作点是否在特性曲线放大区的中间部分,如合适,则把结果记入表 2-15;若不合适,则适当调整 R_{g2} 和 R_S,调好后,再测量 U_G,U_S 和 U_D,记入表 2-15。

表 2-15 静态工作点测量数据记录表

测 量 值			计 算 值		
U_G/V	U_S/V	U_D/V	U_{DS}/V	U_{GS}/V	I_D/mA

2.电压放大倍数 A_U、输入电阻 R_i 和输出电阻 R_o 的测量

(1)A_U 和 R_o 的测量。在放大器的输入端加入频率 $f=1\ \mathrm{kHz}$ 的正弦信号($U_i\approx50\sim100\ \mathrm{mV}$),并用示波器监视输出电压 U_o 的波形。在输出电压 U_o 没有失真的条件下,用交流毫伏级电压表分别测量 $R_L\rightarrow\infty$ 和 $R_L=10\ \mathrm{k\Omega}$ 的输出电压 U_o(注意:保持 U_i 不变),记入表 2-16。

表 2-16 电压放大倍数和输出电阻测量数据记录表

	测量值		计算值	
	U_i/V	U_o/V	A_U	$R_o/k\Omega$
$R_L\rightarrow\infty$				
$R_L=10\ \mathrm{k\Omega}$				

用示波器同时观察 U_i 和 U_o 的波形,描绘出来并分析它们的相位关系。

(2)R_i 的测量。按图 2－13 所示改接实验电路,选择合适大小的输入电压($U_S \approx 50 \sim 100$ mV)。将开关 K 掷向"1",测出 $R＝0$ 时的输出电压 U_{o1},然后将开关掷向"2"(接入 R),保持 U_S 不变,再测出 U_{o2},根据公式

$$R_i = \frac{U_{o2}}{U_{o1} - U_{o2}} R$$

求出 R_i,记入表 2－17。

表 2－17　输入电阻测量数据记录表

测量值			计算值
U_{o1}	U_{o2}	$R_i/k\Omega$	$R_i/k\Omega$

五、实验报告要求

(1) 整理实验数据,将测得的 A_U,R_i,R_o 和理论计算值进行比较。

(2) 把场效应管放大器与晶体管放大器进行比较,总结场效应管放大器的特点。

(3) 分析测试中的问题,总结实验收获。

六、思考题

(1) 场效应管放大器输入回路的电容 C_1 为什么可以取得小一些(可以取 $C_1 = 0.1\ \mu F$)?

(2) 当测量场效应管静态工作电压 U_{GS} 时,能否用直流电压表直接并在 G,S 两端测量?为什么?

(3) 为什么测量场效应管输入电阻时要用测量输出电压的方法?

实验五　电流串联负反馈

一、实验目的

(1)学会识别放大器中负反馈电路的类型。

(2)了解不同反馈形式对放大器输入、输出电阻的不同影响。

(3)加深理解负反馈对放大器性能的影响。

二、实验原理

图 2-14 所示为电流串联负反馈电路。从图中可以看出

$$F=\frac{U_F}{U_o}=\frac{R_E}{R'_L}, \quad R'_L=R_{C1} /\!/ R_L$$

$$A_{Uo}=\frac{U_o}{U'_i}, \quad A_{UF}=\frac{U_o}{U_i}=\frac{U_o}{U'_i+U_F}=\frac{A_{Uo}}{1+FA_{Uo}}$$

通过等效电路计算可得

$$A_{UF}=\frac{H_{FE}R'_L}{H_{IE}+(1+H_{FE})R_E}$$

在深度负反馈的情况下,有

$$A_{UF}=\frac{R'_L}{R_E}$$

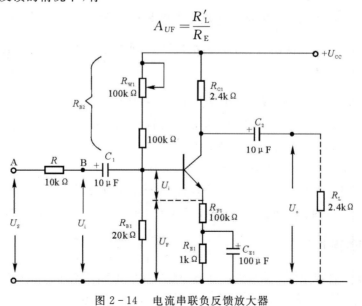

图 2-14　电流串联负反馈放大器

三、实验设备与器件

（1）＋12 V 直流电源。

（2）函数信号发生器。

（3）双踪示波器（另配）。

（4）频率计。

（5）交流毫伏级电压表。

（6）万用表。

（7）模拟电子技术实验箱。

四、实验内容

1.测量和调整静态工作点

按图 2-14 所示电流串联负反馈电路连接实验电路并把 R_{F1} 短路，即电路处于无反馈状态。调节 R_{W1}，使得 $I_C = \dfrac{E_C - U_C}{R_C} \approx I_E = \dfrac{U_E}{R_E} = 2$ mA，用万用表测量晶体管的集电极、基极和发射极对地的电压 U_C，U_B 和 U_E。

2.测量无反馈（基本放大器）的各项性能指标

（1）测量电压放大倍数 A_U。在放大器输入端（B 点）加入 $U_i = 15$ mV，1 kHz 的正弦信号，用示波器观察放大器输出电压 U_L 的波形。在 U_L 不失真的情况下，用交流毫伏级电压表测量 U_L，求出基本放大器的电压放大倍数。

（2）测量输出电阻 R_o。保持 $U_i = 15$ mV 不变，断开负载电阻 R_L，测量空载时的输出电压 U_o，利用公式 $R_o = \left(\dfrac{U_o}{U_L} - 1 \right) R_L$，求出输出电阻 R_o。

（3）测量输入电阻 R_i。在电路的 A 点输入频率为 1 kHz 的正弦信号，调节"幅度"调节旋钮，使得 $U_i = 30$ mV，再测出 A 点的输入电压 U_S。利用公式 $R_i = \dfrac{U_i}{U_S - U_i} R$ 计算出输入电阻 R_i。

（4）测量通频带。接上负载 R_L，在放大器输入端 B 点输入 $U_i = 15$ mV，1 kHz 的正弦信号。测出输出电压 U_L（U_L 波形不失真），然后改变输入信号的频率（保持 $U_i = 15$ mV），找出上、下限频率 f_H 和 f_L 并计算出通频带宽。

3.测量负反馈放大器的各项性能指标

将实验电路恢复为图 2-14 所示电路，调整静态工作点使得 $I_E = 2$ mA。

重复 2 中的测试内容和方法，得到负反馈放大器的 A_{UF}，R_{oF}，R_{iF} 和通频带宽 f_{BW}。

五、实验报告要求

（1）将基本放大器和负反馈放大器动态参数的实测值和理论估算值列表进行比较。

（2）根据实验结果，总结电流串联负反馈对放大器性能的影响。

六、思考题

(1) 复习教材中有关负反馈放大器的内容。

(2) 估算基本放大器的 A_U，R_i 和 R_o；估算负反馈放大器的 A_{UF}，R_{iF}，R_{oF}，并验算它们之间的关系。

(3) 为何从实验结果看不出电流反馈对输出电阻的显著提高？

实验六　电压并联负反馈

一、实验目的

（1）进一步学会识别放大器中负反馈电路的类型。

（2）了解不同反馈形式对放大器输入、输出电阻的不同影响。

（3）加深理解负反馈对放大器性能的影响。

二、实验原理

图 2-15 所示为电压并联负反馈电路。电路中将反馈电阻接在集电极与基极之间，利用输出电压 U_o 在 R_F 中形成的电流 I_F 反馈到输入端，与输入信号电流 I_S 并联，成为分流支路，使晶体管基极注入电流 I_B 减小。

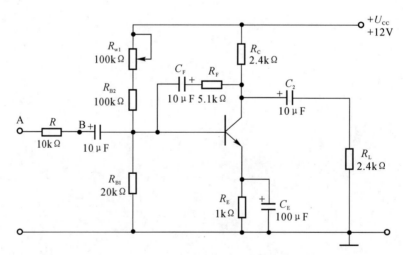

图 2-15　电压并联负反馈电路

三、实验设备与器件

（1）+12 V 直流电源。

（2）函数信号发生器。

（3）双踪示波器。

（4）频率计。

（5）交流毫伏级电压表。

（6）万用表。

（7）模拟电子技术实验箱。

四、实验内容

1.测量和调整静态工作点

将实验台面板上的单管／负反馈两级放大器接成图 2-16 所示电路。此时电路处于无反馈状态。

调节 R_{W1}，使得 $I_E = \dfrac{U_E}{R_E} = 2$ mA，用直流电压表测出晶体管集电极对地电压 U_C、基极对地电压 U_B 和发射极对地电压 U_E。

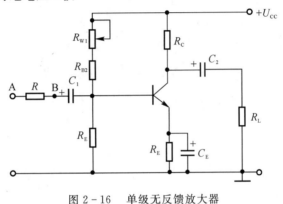

图 2-16　单级无反馈放大器

2.测量基本放大器的各项性能指标

（1）测量电压放大倍数 A_U。在放大器输入端（B 点）加入 $U_i = 15$ mV，1 kHz 的正弦信号，用示波器观察放大器输出电压 U_L 的波形。在不失真的情况下，用交流毫伏级电压表测量 U_L。利用 $A_U = \dfrac{U_L}{U_i}$ 求出基本放大器的电压放大倍数。

（2）测量输出电阻 R_o。保持 $U_i = 15$ mV 不变，断开负载电阻 R_L，测量空载时的输出电压 U_o，利用公式 $R_o = \left(\dfrac{U_o}{U_L} - 1 \right) R_L$，求出输出电阻 R_o。

（3）测量输入电阻 R_i。在电路的 A 点输入频率为 1 kHz 的正弦信号，调节"幅度"调节旋钮，使得 $U_i = 30$ mV，再测出 B 点的输入电压 U_s。利用公式

$$R_i = \frac{U_i}{U_s - U_i} R$$

计算出输入电阻 R_i。

（4）测量负反馈放大器的各项性能指标。将实验电路恢复为图 2-15 所示电路。重复 2 中的测试内容，得到负反馈放大器的 A_{UF}, R_{oF}, R_{iF}。

五、实验报告要求

（1）将基本放大器和负反馈放大器动态参数的实测值和理论估算值列表进行比较。

（2）根据实验结果，总结电压并联负反馈对放大器性能的影响。

六、思考题

（1）电压串联负反馈的特点是什么？在什么情况下被采用？

（2）若在测量电路的输入电阻之后，忘记拆掉串在电路中的 R，就接着测量电路输出电阻，这时测得的电路输出电阻值应该是偏高还是偏低？

实验七 两级电压串联负反馈放大器

一、实验目的

(1)学会识别放大器中负反馈电路的类型。

(2)了解不同反馈形式对放大器的输入和输出阻抗的不同影响。

(3)加深理解负反馈对放大器性能的影响。

二、实验原理

负反馈在电子电路中有着非常广泛的应用。虽然它使放大器的放大倍数降低,但能在多方面改善放大器的动态指标,如稳定放大倍数,改变输入、输出电阻,减小非线性失真和展宽通频带等。因此,几乎所有的实用放大器都带有负反馈。

负反馈放大器有 4 种组态,即电压串联、电压并联、电流串联、电流并联。本实验以电压串联负反馈为例,分析负反馈对放大器各项性能指标的影响。

1.基本电路

带有负反馈的两级阻容耦合放大电路如图 2-17 所示。在电路中,通过 R_F 和 C_F 把输出的电压 U_o 引回到输入端,加在晶体管 T_1 的发射极上,在发射极电阻 R_{F1} 上形成反馈电压 U_F。根据反馈的判断法可知,它属于电压串联负反馈。

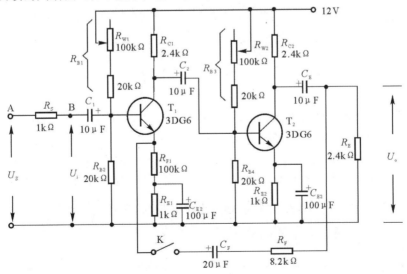

图 2-17 带有负反馈的二级阻容耦合放大电路

由于耦合电容的隔直流作用,实验电路各级之间的直流静态工作点完全独立,可分别调整与测试。

动态参数测量需分别对开环、闭环两种情况进行,以验证负反馈对放大器性能的影响;根据开环放大电路的含义,基本放大电路不存在负反馈,因此应把反馈网络作为输入回路及输出回路的等效负载处理。

2.电压串联负反馈对放大器性能的影响

(1)电压串联负反馈对电压放大倍数的影响。若无反馈时基本放大器的电压放大倍数(开环增益)为 A_U,反馈网络的反馈系数为 F_U,则引入负反馈后的电压放大倍数(闭环增益)A_{UF} 为

$$A_{UF} = \frac{A_U}{1 + A_U F_U}$$

可见,加入了电压串联负反馈后,电压放大倍数降低为无反馈时的 $1/(1 + A_U F_U)$。

(2)电压串联负反馈对输入电阻的影响。若无反馈时基本放大器的输入电阻为 R_i,则引入负反馈后的输入电阻 R_{iF} 为

$$R_{iF} = R_i \times (1 + A_U F_U)$$

可见,加入了电压串联负反馈后,输入电阻提高到无反馈时的 $(1 + A_U F_U)$ 倍。

(3)电压串联负反馈对输出电阻的影响。若无反馈时基本放大器的输出电阻为 R_o,则引入负反馈后的输入电阻 R_{oF} 为

$$R_{oF} = \frac{R_o}{1 + A_{Ust} F_U}$$

其中,A_{Ust} 为负载开路时基本放大器的电压放大倍数。可见,加入了电压串联负反馈后,输出电阻降低为无反馈时的 $1/(1 + A_{Ust} F_U)$。

(4)电压串联负反馈对通频带宽度的影响。若无反馈时基本放大器的通频带宽度为 BW、上限频率为 f_H、下限频率为 f_L,则引入负反馈后的通频带宽度 BW_F、上限频率 f_{HF}、下限频率 f_{LF} 为

$$f_{HF} = f_H \times (1 + A_U F_U)$$
$$f_{LF} = f_L / (1 + A_U F_U)$$
$$BW = f_H - f_L \approx f_H$$
$$BW_F = f_{HF} - f_{LF} \approx f_{HF} \approx BW \times (1 + A_U F_U)$$
$$BW_F \times A_{UF} \approx BW \times A_U$$

可见,加入了电压串联负反馈后,通频带宽度扩展为无反馈时的 $(1 + A_U F_U)$ 倍,且满足通频带与增益的乘积近似为一常数。

(5)电压串联负反馈对放大倍数稳定性的影响。外界环境因素(如温度)或工作条件变化而引起器件参数、输出负载和输入信号源电阻变化,都能造成放大器放大倍数的不稳定,而放大倍数的稳定性常用放大倍数的相对变化率来反映,因此 $\frac{\mathrm{d}A}{A}$ 的大小可以衡量放大倍数的稳定性。对 A_{UF} 进行微分可以得

$$\frac{\mathrm{d}A_{UF}}{A_{UF}} = \frac{1}{1 + A_U F_U} \times \frac{\mathrm{d}A_U}{A_U}$$

可见,引入电压负反馈后,电压放大倍数的稳定性比无反馈时提高了$(1+A_UF_U)$倍。

(6)电压串联负反馈对非线性失真的改善。通过反馈网络,可以把失真的输出信号反馈回输入端,使基本放大器的输入端得到了预失真信号,从而抵偿了基本放大器的非线性失真,达到了减小非线性失真的目的。应注意的是,负反馈减小非线性失真是针对电路内部的非线性失真而言的;对输入信号本身的失真、非线性信号混入量或当干扰来源于外界时,引入负反馈将无济于事,必须采用信号处理(如有源滤波)或屏蔽等方法才能解决。

总之,电压串联负反馈的引入,可以获得增加输入电阻、减小输出电阻、扩展通频带、减小非线性失真、增加稳定性等性能的改善,但是是以牺牲放大器的电压增益为代价的,因而当应用负反馈电路时,必须考虑在电路性能改善的同时会引起电路增益的减小。

3.电路性能指标的测试

(1)测量电压放大倍数。在输出波形不失真的情况下,给定输入信号值(有效值U_i或峰值U_{iP}或峰峰值U_{iPP}),测量相应的输出信号值(有效值U_o或峰值U_{oP}或峰峰值U_{oPP}),则

$$A_U=\frac{U_o}{U_i}=\frac{U_{oP}}{U_{iP}}=\frac{U_{oPP}}{U_{iPP}}$$

(2)测量输入电阻。因为实验电路的输入电阻远小于测量仪表的内阻,所以采用图2-18所示的测试方法。

在信号源和电路输入端之间串接一个电阻R,在输出波形不失真的情况下输入信号U_i,测量出U_S及U_i,则输入电阻为

$$R_i=\frac{U_i}{I_i}=\frac{U_i}{(U_S-U_i)/R}=\frac{U_i}{U_S-U_i}R$$

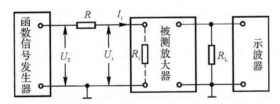

图2-18 输入电阻测量原理图

可以证明,只有当$U_S-U_i=\frac{1}{2}U_S$时,测量误差最小;同时电阻R的准确度直接影响测量的准确度;电阻R不宜取得过大,否则易引入干扰,也不宜取得过小,否则易引起较大的测量误差。因此,电阻R应选择精密的电阻,同时选取R和R_i一个数量级,且$R\approx R_i$,以减小测量误差。

(3)测量输出电阻。输出电阻的测量采用图2-19所示的测试方法。

开关K打开时测出U_o,开关K闭合时测出U_{oL},则输出电阻为

$$R_o=\frac{U_o-U_{oL}}{U_{oL}/R_L}=\frac{U_o-U_{oL}}{U_{oL}}R_L$$

可以证明,只有在$U_o-U_{oL}=\frac{1}{2}U_o$时测量误差最小;同时电阻$R_L$的准确度直接影响测量的准确度,因此电阻$R_L$应选择精密的电阻,同时选取$R_L$和$R_o$一个数量级,且$R_L\approx R_o$,

以减小测量误差。

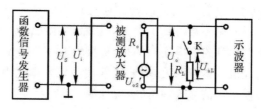

图 2-19　输出电阻测量原理图

（4）测量幅频特性。实验采用三点法测试幅频特性。首先在输出波形不失真的情况下，测出中频 f_0 时的电压增益 A_U，然后保持输入信号幅度不变，逐渐增大（或减小）输入信号的频率，至某一频率时电路增益将下降；测出增益下降到 $0.707A_U$（按分贝计算即下降 3 dB）时所对应的上限频率 f_H 和下限频率 f_L；计算通频带宽度 BW，绘制幅频特性曲线（见图 2-20）。

$$BW = f_H - f_L \approx f_H$$

三、实验设备与器件

（1）+12 V 直流电源。

（2）函数信号发生器。

（3）双踪示波器（另配）。

（4）频率计。

（5）交流毫伏级电压表。

（6）直流电压表。

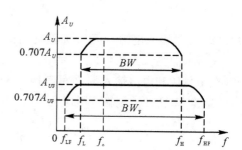

图 2-20　幅频特性曲线

（7）晶体三极管 3DG6×2（$\beta = 50 \sim 100$）或 9011×2 电阻、电容、插线若干。

四、实验内容

1. 测量静态工作点

按图 2-17 所示电路连接实验电路，取 $U_{CC} = +12$ V，$U_i = 0$，将输入端接地，调整 R_{W1}，R_{W2}，用直流电压表分别测量有、无负反馈两种情况下的第一级、第二级的静态工作点，记入表 2-18。

表 2-18　静态工作点测量记录表

$I_{C1} = 2.0$ mA，　$I_{C2} = 2.0$ mA

测试条件	管号	测试数据				计算数据		
		U_{CC}/V	U_{BQ}/V	U_{CQ}/V	U_{EQ}/V	U_{BEQ}/V	U_{CEQ}/V	I_{CQ}/mA
开环 K 打开	T_1							
	T_2							
闭环 K 闭合	T_1							
	T_2							

2.测量中频电压放大倍数 A_U

在放大器输入端（B 点）加入频率为 1 kHz，$U_i=15$ mV 的正弦信号，用示波器观察放大器输出电压 U_L 的波形。在 U_L 不失真的情况下，用交流毫伏级电压表分别测量有、无负反馈两种情况下的输出信号测量 U_L，利用 $A_U=\dfrac{U_L}{U_i}$ 算出基本放大器的电压放大倍数。

3.测量输出电阻 R_o

开关 K 打开，A 端输入频率 $f=1$ kHz，电压 $U_i=30$ mV 的正弦信号，断开负载电阻 R_{L2}（注意输出端的 R_F，R_{F1} 支路不要断开），在输出波形不失真的情况下，测量空载时的输出电压 U_o 及有载（$R_L=2.4$ kΩ）时的输出电压 U_L。利用公式 $R_o=(U_o/U_L-1)R_L$，求出输出电阻 R_o。

开关 K 闭合，A 端输入频率 $f=1$ kHz、电压 $U_i=5$ mV 的正弦信号，断开负载电阻 R_{L2}（注意输出端的 R_F，R_{F1} 支路不要断开），在输出波形不失真的情况下，测量空载时的输出电压 U_o 及有载（$R_L=2.4$ kΩ）时的输出电压 U_L。利用公式 $R_o=(U_o/U_L-1)R_L$，求出输出电阻 R_o。

4.测量输入电阻 R_i

开关 K 打开，在电路的 A 点输入频率为 1 kHz 的正弦信号，调节"幅度"调节旋钮，使得 $U_i=30$ mV，再测出 B 点的输入电压 U_S，利用公式 $R_i=U_iR_S/(U_S-U_i)$ 计算出输入电阻 R_i。

开关 K 闭合，在电路的 A 点输入频率为 1 kHz 的正弦信号，调节"幅度"调节旋钮，使得 $U_i=30$ mV，再测出 B 点的输入电压 U_S，利用公式 $R_i=U_iR_S/(U_S-U_i)$ 计算出输入电阻 R_i。

5.测量通频带

接上 R_{L2}，分有、无负反馈两种情况。在放大器输入端 B 点输入频率 $f=1$ kHz、电压 $U_i=15$ mV 的正弦信号，在输出波形不失真的情况下，测量出中频 f_0（1 kHz）时的电压增益 A_U；测量上限频率 f_H 和下限频率 f_L（保持 $U_i=15$ mV），将数据记录于表 2-19 中，利用 $f_{BW}=f_H-f_L$ 得到通频带宽。

表 2-19　测试幅频特性测量记录表

测试条件	测试数据							计算数据	
	U_i/mV	U_o/mV	A_U	$0.707U_o$/mV	f_0/kHz	f_L/Hz	f_H/kHz	BW/kHz	$BW\times A_U$
开环（K 打开）	2				1				
闭环（K 闭合）	2				1				

6.负反馈对非线性失真的改善

（1）将开关 K 打开，使电路接成开环状态。在输入端加入 $f=1$ kHz 的正弦信号，输出端接示波器。逐渐增大输入信号的幅度，使输出波形出现失真，记下此时的波形和输出电压的幅度。

（2）将开关 K 闭合，使电路接成闭环状态。保持输入信号不变，观察输出信号波形的变化,看失真程度是否减小或是失真消失。比较有、无负反馈两种情况下,输出波形的变化。

五、实验报告要求

(1)将基本放大器和负反馈放大器动态参数的实测值和理论估算值列表进行比较。

(2)根据实验结果,总结电压串联负反馈对放大器性能的影响。

(3)将实测值和估算值进行比较,分析误差产生的原因。

六、思考题

(1)电路中 C_E 起什么作用?

(2)计算 $(1+A_U F_U)$ 的值,比较开环、闭环测得的数据是否与之有关。

(3)怎样把负反馈放大器改接成基本放大器?为什么要把 R_F 并接在输入和输出端?

(4)估算基本放大器的 A_U,R_i 和 R_o;估算负反馈放大器的 A_{UF},R_{iF} 和 R_{oF},并验算它们之间的关系。

(5)如按深度负反馈估算,则闭环电压放大倍数 A_{UF} 为多少?和测量值是否一致?为什么?

(6)如输入信号存在失真,能否用负反馈来改善?

(7)如何估算闭环电压放大倍数 A_{UF}?估算值和测量值是否一致?为什么?

(8)如输入信号存在失真,能否用负反馈来改善?

(9)怎样判断放大器是否存在自激振荡?如何进行消振?

实验八　差动放大器

一、实验目的

(1)加深对差动放大器性能及特点的理解。

(2)学习差动放大器主要性能指标的测试方法。

二、实验原理

图 2-21 所示是差动放大器的基本结构。它由两个元件参数相同的基本共射极放大电路组成。当开关 K 拨向左边时,构成典型的差动放大器。调零电位器 R_P 用来调节 T_1,T_2 管的静态工作点,使得输入信号 $U_i=0$ 时,双端输出电压 $U_o=0$。R_E 为两管共用的发射极电阻,它对差模信号无负反馈作用,因而不影响差模电压放大倍数,但对共模信号有较强的负反馈作用,故可以有效地抑制零漂,稳定静态工作点。

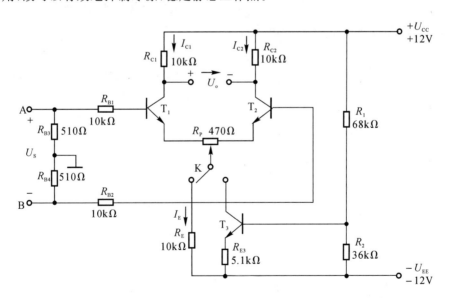

图 2-21　差动放大器实验电路

当开关 K 拨向右边时,构成具有恒流源的差动放大器。它用晶体管恒流源代替发射极电阻 R_E,可以进一步提高差动放大器抑制共模信号的能力。

1.静态工作点的估算

典型电路

$$I_E \approx \frac{|U_{EE}| - U_{BE}}{R_E} \quad (\text{认为} U_{B1} = U_{B2} \approx 0)$$

$$I_{C1} = I_{C2} = \frac{1}{2} I_E$$

恒流源电路

$$I_{C3} \approx I_{E3} \approx \frac{\dfrac{R_2}{R_1 + R_2}(U_{CC} + |U_{EE}|) - U_{BE}}{R_{E3}}$$

$$I_{C1} = I_{C1} = \frac{1}{2} I_{C3}$$

2.差模电压放大倍数和共模电压放大倍数

当差动放大器的射极电阻 R_E 足够大,或采用恒流源电路时,差模电压放大倍数 A_d 由输出方式决定,而与输入方式无关。

双端输出: $R_E \rightarrow \infty$,当 R_P 在中心位置时,有

$$A_d = \frac{\Delta U_o}{\Delta U_i} = -\frac{\beta R_C}{R_B + r_{be} + \dfrac{1}{2}(1+\beta)R_P}$$

单端输出时,有

$$A_{d1} = \frac{\Delta U_{C1}}{\Delta U_i} = \frac{1}{2} A_d, \quad A_{d2} = \frac{\Delta U_{C2}}{\Delta U_i} = -\frac{1}{2} A_d$$

当输入共模信号时,若为单端输出,则有

$$A_{C1} = A_{C2} = \frac{\Delta U_{C1}}{\Delta U_i} = \frac{-\beta R_C}{R_B + r_{be} + (1+\beta)\left(\dfrac{1}{2}R_P + 2R_E\right)} \approx -\frac{R_C}{2R_E}$$

若为双端输出,在理想情况下,有

$$A_C = \frac{\Delta U_o}{\Delta U_i} = 0$$

实际上由于元件不可能完全对称,因此 A_C 也不会绝对等于零。

3.共模抑制比 CMRR

为了表征差动放大器对有用信号(差模信号)的放大作用和对共模信号的抑制能力,通常用一个综合指标来衡量,即共模抑制比,即

$$\text{CMRR} = \left|\frac{A_d}{A_c}\right| \quad \text{或} \quad \text{CMRR} = 20\lg\left|\frac{A_d}{A_c}\right| \quad (\text{dB})$$

差动放大器的输入信号可采用直流信号,也可采用交流信号。本实验由函数信号发生器提供频率 $f = 1\ \text{kHz}$ 的正弦信号作为输入信号。

三、实验设备与器件

(1) 直流稳压电源。

（2）函数信号发生器。

（3）双踪示波器（另配）。

（4）频率计。

（5）交流毫伏级电压表。

（6）直流电压表。

（7）晶体三极管 3DG6×3($\beta=50\sim100$)或 9011×3 电阻、电容、插线若干。

四、实验内容

1.典型差动放大器性能测试

按图 2-21 所示电路连接实验电路，开关 K 拨向左边构成典型差动放大器。

（1）测量静态工作点。

1）调节放大器零点。信号源不接入。将放大器输入端 A,B 与地短接，接通±12 V 直流电源，用直流电压表测量输出电压 U_o，调节调零电位器 R_P，使 $U_o=0$。调节要仔细，力求准确。

2）测量静态工作点。零点调好以后，用直流电压表测量 T_1,T_2 管各电极电位及射极电阻 R_E 两端电压 U_{RE}，记入表 2-20。

表 2-20　静态工作点测量数据记录表

测量值	U_{C1}/V	U_{B1}/V	U_{E1}/V	U_{C2}/V	U_{B2}/V	U_{E2}/V	U_{RE}/V
计算值	I_E/mA			I_C/mA		U_{CE}/V	

（2）测量差模电压放大倍数。断开直流电源，将函数信号发生器的输出端接放大器输入 A 端，地端接放大器输入 B 端构成单端输入方式，调节输入信号为频率 $f=1$ kHz 的正弦信号，并使输出旋钮旋至零，用示波器监视输出端（集电极 C_1 或 C_2 与地之间）。

接通±12 V 直流电源，逐渐增大输入电压 U_i（约 100 mV），在输出波形无失真的情况下，用交流毫伏级电压表测 U_i,U_{C1},U_{C2}，记入表 2-20 中，并观察 U_{C1},U_{C2} 与 U_i 之间的相位关系。

（3）测量共模电压放大倍数。将放大器 A,B 短接，信号源接 A 端与地之间构成共模输入方式，调节输入信号 $f=1$ kHz,$U_i=1$ V，在输出电压无失真的情况下，测量 U_{C1},U_{C2} 之值并记入表 2-21，并观察 U_{C1},U_{C2} 与 U_i 之间的相位关系。

表 2-21　差动放大测量数据记录表

	典型差动放大电路		具有恒流源的差动放大电路	
	单端输入	共模输入	单端输入	共模输入
U_i	100 mV	1 V	100 mV	1 V
U_{C1}/V				

续 表

	典型差动放大电路		具有恒流源的差动放大电路	
	单端输入	共模输入	单端输入	共模输入
U_{C2}/V				
$A_{d1} = \dfrac{U_{C1}}{U_i}$		/		/
$A_d = \dfrac{U_o}{U_i}$		/		/
$A_{C1} = \dfrac{U_{C1}}{U_i}$	/		/	
$A_C = \dfrac{U_o}{U_i}$	/		/	
$CMRR = \left\| \dfrac{A_{d1}}{A_{C1}} \right\|$				

2.具有恒流源的差动放大电路性能测试

将图2-21所示电路中开关K拨向右边,构成具有恒流源的差动放大电路。重复典型差动扩大器性能测试内容(2)(3)的要求,记入表2-21中。

五、实验报告要求

(1) 整理实验数据,列表比较实验结果和理论估算值,分析误差原因。

1) 静态工作点和差模电压放大倍数。

2) 典型差动放大电路单端输出时的 CMRR 实测值与理论值比较。

3) 典型差动放大电路单端输出时的 CMRR 实测值与具有恒流源的差动放大器 CMRR 实测值比较。

(2) 比较 u_i,u_{C1} 和 u_{C2} 之间的相位关系。

(3) 根据实验结果,总结电阻 R_E 和恒流源的作用。

六、思考题

(1) 调零时,应该用万用表还是毫伏级电压表来指示放大器的输出电压? 为什么?

(2) 测量静态工作点时,放大器输入端 A,B 与地应如何连接?

(3) 实验中怎样获得双端和单端输入差模信号? 怎样获得共模信号? 画出 A,B 端与信号源之间的连接图。

(4) 怎样进行静态调零点? 用什么仪表测 U_o?

(5) 怎样用交流毫伏级电压表测双端输出电压 U_o?

(6) 差动放大器为什么具有高的共模抑制比?

实验九　集成运算放大器的基本应用（Ⅰ）
——模拟运算电路

一、实验目的

（1）研究由集成运算放大器（简称集成运放）组成的比例、加法、减法和积分等基本运算电路的功能。

（2）了解运算放大器（简称运放）在实际应用中应考虑的一些问题。

二、实验原理

集成运放是一种具有高电压放大倍数的直接耦合多级放大电路。当外部接入不同的线性或非线性元器件组成负反馈电路时，可以灵活地实现各种特定的函数关系。在线性应用方面，可组成比例、加法、减法、积分、微分、对数等模拟运算电路。

1.理想运算放大器特性

在大多数情况下，将运放视为理想运放，就是将运放的各项技术指标理想化，满足下列条件的运算放大器称为理想运放。

开环电压增益：$A_{Ud} \to \infty$。

输入阻抗：$r_i \to \infty$。

输出阻抗：$r_o \to 0$。

带宽：$f_{BW} \to \infty$。

失调与漂移均为零等。

理想运放在线性应用中的两个重要特性：

(1)$U_+ \approx U_-$ ——"虚短"。

(2)$I_+ = I_- = 0$——"虚断"。

上述两个特性是分析理想运放应用电路的基本原则，可简化运放电路的计算。

2.基本运算电路

（1）反相比例运算电路。电路如图 2－22 所示，对于理想运放，该电路的输出电压与输入电压之间的关系为

$$U_o = -\frac{R_F}{R_1}U_i$$

为了减小输入偏置电流引起的运算误差，在同相输入端应接入平衡电阻 $R_2 = R_1 \parallel R_F$。

（2）反相加法电路。电路如图 2-23 所示,输出电压与输入电压之间的关系为

$$U_o = -\left(\frac{R_F}{R_1}U_{i1} + \frac{R_F}{R_2}U_{i2}\right), \quad R_3 = R_1 \parallel R_2 \parallel R_F$$

（3）同相比例运算电路。图 2-24(a) 所示为同相比例运算电路,它的输出电压与输入电压之间的关系为

$$U_o = \left(1 + \frac{R_F}{R_1}\right)U_i$$

$$R_2 = R_1 \parallel R_F$$

当 $R_1 \to \infty$ 时,$U_o = U_i$,即得到如图 2-24(b) 所示的电压跟随器。图中 $R_2 = R_F$,用以减小漂移和起保护作用。一般 R_F 取 10 kΩ,R_F 太小起不到保护作用,太大则影响跟随性。

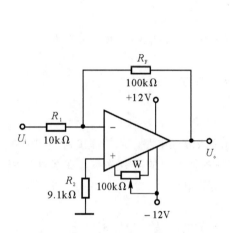

图 2-22　反相比例运算电路

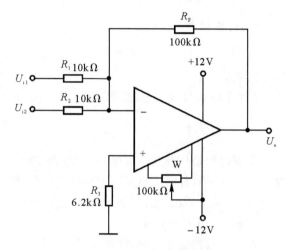

图 2-23　反相加法运算电路

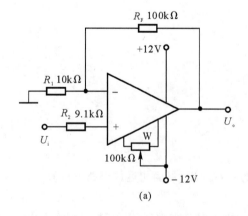

(a)

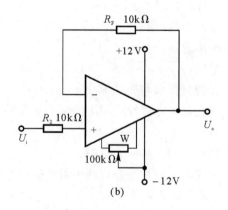

(b)

图 2-24　同相比例运算电路

(a)同相比例运算电路;(b)电压跟随器

（4）差动放大电路(减法器)。对于图 2-25 所示的减法运算电路,当 $R_1 = R_2$,$R_3 = R_F$ 时,有如下关系式:

$$U_o = \frac{R_F}{R_1}(U_{i2} - U_{i1})$$

(5) 积分运算电路。反相积分电路如图 2-26 所示。在理想化条件下,输出电压

$$u_o(t) = -\frac{1}{RC}\int_0^t u_i dt + u_C(0)$$

式中:$u_C(0)$ 是 $t = 0$ 时刻电容 C 两端的电压值,即初始值。

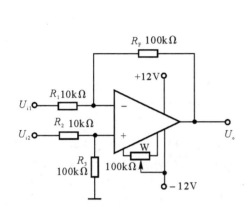

图 2-25　减法运算电路

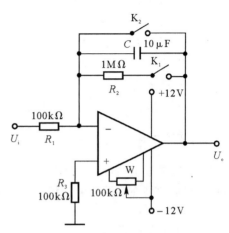

图 2-26　积分运算电路

如果 $u_i(t)$ 是幅值为 E 的阶跃电压,并设 $u_C(0) = 0$,则

$$u_o(t) = -\frac{1}{RC}\int_0^t E dt = -\frac{E}{RC}t$$

即输出电压 $u_o(t)$ 随时间增长而线性下降。显然,RC 的数值越大,达到给定的 U_o 值所需的时间就越长。积分输出电压所能达到的最大值受集成运放最大输出范围的限制。

在进行积分运算之前,首先应对运放调零。为了便于调节,将图中 K_1 闭合,通过电阻 R_2 的负反馈作用帮助实现调零。但在完成调零后,应将 K_1 打开,以免因 R_2 的接入造成积分误差。K_2 的设置一方面为积分电容放电提供通路,同时可实现积分电容初始电压 $u_C(0) = 0$;另一方面,可控制积分起始点,即在加入信号 U_i 后,只要 K_2 一打开,电容就将被恒流充电,电路也就开始进行积分运算。

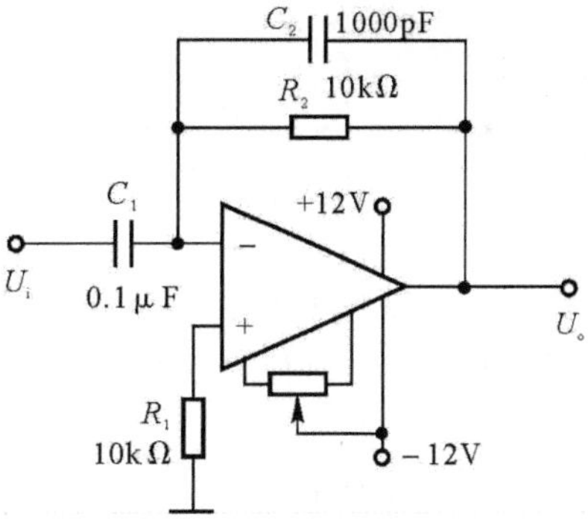

(6) 微分运算电路。微分运算电路如图 2-27所示,在理想系件下,输入、输出电压如下关系:

$$U_O = -R_2 C_1 \frac{dU_1}{dt}$$

图 2-27　微分运算电路

在反馈通路并联一个小电容作为补偿电容,可以有效防止自激振荡。补偿电容选取一般 $3 \sim 10\text{pF}$。当反馈通路并联上一个电容后看上去有点像积分电路,那么如何区分积分还

是微分电路呢？可以通过判断电容大小,微分电路输入端的电容远大于反馈通路的电容。

由于加上的都是小电容,在分析放大倍数时可以忽略不记,放大倍数与一般的微分运算电路相同。

三、实验设备与器件

(1) ±12 V 直流电源。

(2) 函数信号发生器。

(3) 交流毫伏级电压表。

(4) 直流电压表。

(5) 双踪示波器。

(6) 集成运放 $\mu A741 \times 1$,电阻器、电容器及插线若干。

四、实验内容

实验前要看清运放组件各管脚的位置,切忌正、负电源极性接反和输出端短路,否则将会损坏集成块。在实验台的面板上找一具有 8 脚插座的适当位置,结合以下实验内容进行连线。

1.反相比例运算电路

(1) 按图 2-22 所示电路连接实验电路。

(2) 接通 ±12 V 电源,输入端对地短路,进行调零和消振。

(3) 输入 $f=1\,000$ Hz,$U_i=0.5$ V 的正弦交流信号,测量相应的 U_o,并用示波器观察 u_o 和 u_i 的相位关系,记入表 2-22。

表 2-22 反相比例运算电路测量记录表

$U_i = 0.5$ V $f = 1\,000$ Hz

U_i/V	U_o/V	u_i 波形	u_o 波形	A_U	
				实测值	计算值

2.反相加法运算电路

(1) 按图 2-23 所示电路连接实验电路,进行调零和消振。

(2) 输入信号采用直流信号,图 2-28 所示电路为简易直流信号源,实验者自行完成。实验时要注意选择合适的直流信号幅度以确保集成运放工作在线性区。用直流电压表测量输入电压 U_{i1},U_{i2} 及输出电压 U_o,记入表 2-23。

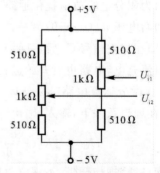

图 2-28 简易可调直流信号源

表 2-23　反相加法运算电路测量记录表

U_{i1}/V				
U_{i2}/V				
U_o/V				

3.同相比例运算电路

(1) 按图 2-24(a) 所示电路连接实验电路。实验步骤同内容 1 步骤(2)(3)。

(2) 将图 2-24(a) 中的 R_1 断开,得图 2-24(b) 所示电路。实验步骤同内容 1 步骤(2)(3)。

4.减法运算电路

(1) 按图 2-25 所示电路连接实验电路,进行调零和消振。

(2) 采用直流输入信号,输入直流信号按图 2-28 所示连接。实验步骤同内容 2,记入表2-24。

表 2-24　同相比例运算电路测量记录表

U_{i1}/V				
U_{i2}/V				
U_o/V				

5.积分运算电路

实验电路如图 2-26 所示。

(1) 打开 K_2,闭合 K_1,对运放输出进行调零。

(2) 调零完成后,再打开 K_1,闭合 K_2,使 $u_C(0)=0$。

(3) 预先调好直流输入电压 $U_i=0.5$ V,接入实验电路,再打开 K_2,然后用直流电压表测量输出电压 U_o,每 5 s 读一次 U_o,记入表 2-25,直到 U_o 不继续明显增大为止。

表 2-25　积分运算电路测量记录表

t/s	0	5	10	15	20	25	30	……
U_o/V								……

6.微分电路

(1) 按图 2-27 所示搭接电路,在函数发生器上调节输入方波信号 u_i,用示波器监视之,要求方波信号的周期为 $1\sim5$ ms。

(2) 把 u_i 信号加到微分电路的输入端,用示波器分别测量 u_i 和 u_o 的波形,画出波形图,并记录数据。

五、实验报告要求

(1) 整理实验数据,画出波形图(注意波形间的相位关系)。

（2）将理论计算结果和实测数据相比较,分析产生误差的原因。

（3）分析讨论实验中出现的现象和问题。

六、思考题

（1）当验证差动比例运算关系时,若 $U_{i1}=0.1$ V, $U_{i2}=0.4$ V,则 U_{i1} 与 $U_。$ 的相位关系是同相还是反相?

（2）在反相加法器中,如 U_{i1} 和 U_{i2} 均采用直流信号,并选定 $U_{i2}=-1$ V,当考虑到运算放大器的最大输出幅度(± 12 V)时, $|U_{i1}|$ 的大小不应超过多少伏?

（3）在积分电路中,如 $R_1=100$ kΩ, $C=4.7$ μF,求时间常数。假设 $U_1=0.5$ V[设 $u_C(0)=0$],问要使输出电压达到 5 V需多长时间?

（4）为了不损坏集成块,实验中应注意什么问题?

（5）在积分电路中,输入方波,输出应是什么波形? 输出波形的上升部分与下降部分分别对应输入波形的哪一部分? 为什么?

（6）在积分电路中,如 $R_1=100$ kΩ, $C=4.7$ μF,求时间常数。假设 $U_i=0.5$ V[设 $u_C(0)=0$],问要使输出电压 $U_。$ 达到 5 V,需多长时间?

实验十　集成运算放大器的基本应用（Ⅱ）
——电压比较器

一、实验目的

(1)掌握电压比较器的电路构成及特点。

(2)学会测试电压比较器的方法。

二、实验原理

电压比较器是集成运放非线性应用电路,它将一个模拟量电压信号和一个参考电压相比较,在二者幅度相等的附近,输出电压将产生跃变,相应输出高电平或低电平。电压比较器可以组成非正弦波形变换电路及应用于模拟与数字信号转换等领域。

图2-29所示为一最简单的电压比较器,U_R为参考电压,加在运放的同相输入端,输入电压u_i加在反相输入端。

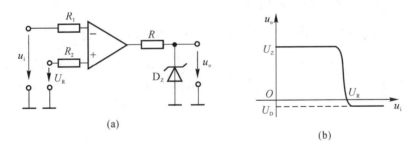

图 2-29　电压比较器

(a) 电路图；(b) 传输特性

当$u_i < U_R$时,运放输出高电平,稳压管D_Z反向稳压工作,输出端电位被其箝位在稳压管的稳定电压U_Z,即$u_o = U_Z$。

当$u_i > U_R$时,运放输出低电平,D_Z正向导通,输出电压等于稳压管的正向压降U_D,即$u_o = -U_D$。

因此,以U_R为界,当输入电压u_i变化时,输出端反映出两种状态:高电位和低电位。

表示输出电压与输入电压之间关系的特性曲线,称为传输特性。

常用的电压比较器有过零比较器、具有滞回特性的滞回比较器、双限比较器(又称窗口比较器）等。

1.过零比较器

图 2-30(a) 所示为加限幅电路的过零比较器电路图，D_Z 为限幅稳压管。信号从运放的反相输入端输入，参考电压为零，从同相端输入。当 $U_i > 0$ 时，输出 $U_o = -(U_Z + U_D)$；当 $U_i < 0$ 时，$U_o = +(U_Z + U_D)$。其电压传输特性如图 2-30(b) 所示。

过零比较器结构简单，灵敏度高，但抗干扰能力差。

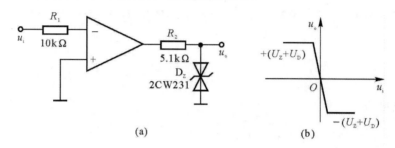

图 2-30　过零比较器
(a) 电路图；(b) 电压传输特性

2.滞回比较器

图 2-30(a) 所示为具有滞回特性的滞回比较器电路图。过零比较器在实际工作中，如果 u_i 恰好在过零值附近，则由于零点漂移的存在，u_o 将不断由一个极限值转换到另一个极限值，这在控制系统中，对执行机构将是很不利的。为此，就需要输出特性具有滞回现象。如图 2-31 所示，从输出端引一个电阻分压正反馈支路到同相输入端，若 u_o 改变状态，Σ 点也随着改变电位，使过零点离开原来位置。

当 u_o 为正（记作 U_+）时，$U_\Sigma = \dfrac{R_2}{R_F + R_2} U_+$；当 $u_i > U_\Sigma$ 时，u_o 即由正变负（记作 U_-），此时 U_Σ 变为 $-U_\Sigma$。故只有当 u_i 下降到 $-U_\Sigma$ 以下时，才能使 u_o 再度回升到 U_+，于是出现图 2-31(b) 中所示的滞回特性。$-U_\Sigma$ 与 U_Σ 的差值称为回差。改变 R_2 的数值可以改变回差的大小。

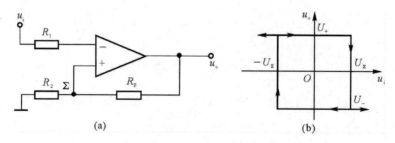

图 2-31　滞回比较器
(a) 电路图；(b) 传输特性

3.窗口（双限）比较器

简单的比较器仅能鉴别输入电压 u_i 比参考电压 U_R 高或低的情况，窗口比较电路是由两个简单比较器组成的,如图 2-32 所示,它能指示出 u_i 值是否处于 U_R^+ 和 U_R^- 之间。如果 $U_R^- < U_i < U_R^+$,则窗口比较器的输出电压 U_o 等于运放的正饱和输出电压($+U_{omax}$);如果 $U_i < U_R^-$ 或 $U_i > U_R^+$,则输出电压 U_o 等于运放的负饱和输出电压($-U_{omax}$)。

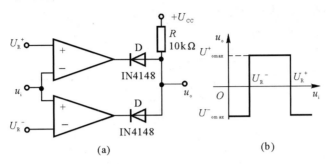

图 2-32　由两个简单比较器组成的窗口比较器

(a) 电路图;(b) 传输特性

三、实验设备与器件

(1) ±12 V 直流电源。

(2) 函数信号发生器。

(3) 交流毫伏级电压表。

(4) 直流电压表。

(5) 双踪示波器。

(6) 集成运放 μA741×1,电阻器、电容器及插线若干。

四、实验内容

1.过零比较器

实验电路如图 2-30 所示。

(1) 接通 ±12 V 电源。

(2) 测量 u_i 悬空时的 U_o 值。

(3) u_i 输入 500 Hz、幅值为 2 V 的正弦信号,观察 $u_i \rightarrow u_o$ 波形并记录。

(4) 改变 u_i 幅值,测量传输特性曲线。

2.反相滞回比较器

实验电路如图 2-33 所示。

(1) 按图接线,u_i 接 +5 V 可调直流电源,测出 u_o 由 $+U_{omax} \rightarrow -U_{omax}$ 时 u_i 的临界值。

(2) 同上,测出 u_o 由 $-U_{omax} \rightarrow +U_{omax}$ 时 u_i 的临界值。

(3) u_i 接 500 Hz,峰值为 2 V 的正弦信号,观察并记录 $u_i \rightarrow u_o$ 波形。

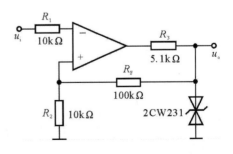

图 2-33　反相滞回比较器

（4）将分压支路 100 kΩ 电阻改为 200 kΩ，重复上述实验，测定传输特性。

3.同相滞回比较器

实验线路如图 2－34 所示。

（1）参照 2，自拟实验步骤及方法。

（2）将结果与 2 进行比较。

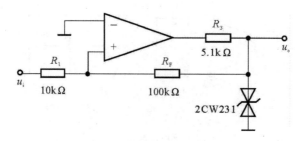

图 2－34　同相滞回比较器

4.窗口比较器

参照图 2－32 自拟实验步骤和方法测定其传输特性。

五、实验报告要求

要求根据实验原理设计过零比较器、反相滞回比较器、同相滞回比较器、窗口比较器，并记录实验数据。

（1）整理实验数据，绘制各类比较器的传输特性曲线。

（2）总结几种比较器的特点，阐明它们的应用。

六、思考题

（1）窗口（双限）比较器中，二极管性能有差异，其传输特性会如何？

（2）若要将图 2－32 窗口比较器的电压传输曲线高、低电平对调，应如何改动比较器电路？

实验十一　集成运算放大器的基本应用(Ⅲ) ——有源滤波器

一、实验目的

（1）实验是验证性实验。通过本实验熟悉用运放、电阻和电容组成有源低通滤波器、高通滤波器和带通、带阻滤波器。

（2）学会测量有源滤波器的幅频特性。

二、实验原理

由 RC 元件与运算放大器组成的滤波器称为 RC 有源滤波器，其功能是让一定频率范围内的信号通过，抑制或急剧衰减此频率范围以外的信号。它可用在信息处理、数据传输、抑制干扰等方面，但因受运算放大器频带限制，这类滤波器主要用于低频范围。根据对频率范围的选择不同，可分为低通（LPF）、高通（HPF）、带通（BPF）与带阻（BEF）等 4 种滤波器，它们的幅频特性如图 2-35 所示。

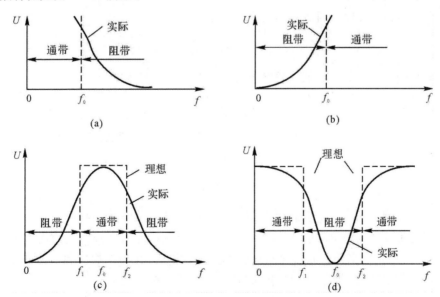

图 2-35　四种滤波电路的幅频特性示意图
(a) 低通；(b) 高通；(c) 带通；(d) 带阻

具有理想幅频特性的滤波器是很难实现的,只能用实际的去逼近理想的幅频特性。一般来说,滤波器的幅频特性越好,其相频特性越差,反之亦然。滤波器的阶数越高,幅频特性衰减的速率越快,但 RC 网络的节数越多,元件参数计算越烦琐,电路调试越困难。任何高阶滤波器均可以用较低的二阶 RC 由滤波器级联实现。

1. 低通滤波器(LPF)

低通滤波器是用来通过低频信号,衰减或抑制高频信号。

图 2-36(a)所示为典型的二阶有源低通滤波器。它由两级 RC 滤波环节与同相比例运算电路组成,其中第一级电容 C 接至输出端,引入适量的正反馈,以改善幅频特性。

图 2-36(b)所示为二阶低通滤波器幅频特性曲线。

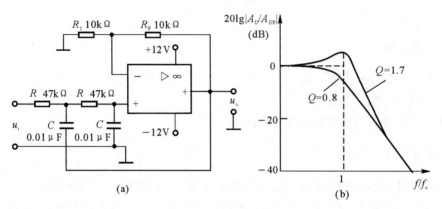

图 2-36 二阶低通滤波器
(a)电路图;(b)幅频特性

电路性能参数如下:

(1)通带增益。二阶低通滤波器的通带增益为

$$A_{UP} = 1 + \frac{R_F}{R_1}$$

(2)截止频率。它是二阶低通滤波器通带与阻带的界限频率,即

$$F_\circ = \frac{1}{2\pi RC}$$

(3)品质因数。它的大小影响低通滤波器在截止频率处幅频特性的形状,有

$$Q = \frac{1}{3 - A_{UP}}$$

2. 高通滤波器(HPF)

与低通滤波器相反,高通滤波器用来通过高频信号,衰减或抑制低频信号。只要将图 2-36 所示低通滤波电路中起滤波作用的电阻、电容互换,即可变成二阶有源高通滤波器,如图 2-37(a)所示。高通滤波器性能与低通滤波器相反,其频率响应和低通滤波器是"镜像"关系,仿照 LPH 分析方法,不难求得 HPF 的幅频特性。

电路性能参数 A_{UP},$f_\circ$,Q 各量的含义同二阶低通滤波器。

图 2-37(b)所示为二阶高通滤波器的幅频特性曲线,可见,它与二阶低通滤波器的幅

频特性曲线有"镜像"关系。

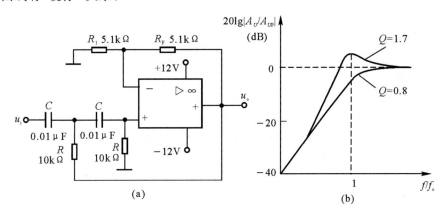

图 2-37 二阶高通滤波器

(a) 电路图；(b) 幅频特性

3.带通滤波器(BPF)

这种滤波器的作用是只允许在某一个通频带范围内的信号通过,而比通频带下限频率低和比上限频率高的信号均加以衰减或抑制。典型的带通滤波器可以从二阶低通滤波器中将其中一级改成高通而成,如图 2-38(a) 所示。

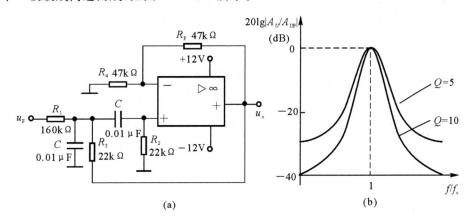

图 2-38 二阶带通滤波器

(a) 电路图；(b) 幅频特性

电路性能参数如下：

(1) 通带增益

$$A_{UP} = \frac{R_4 + R_F}{R_4 R_1 CB}$$

(2) 中心频率

$$f_0 = \frac{1}{2\pi} \sqrt{\frac{1}{R_2 C^2}\left(\frac{1}{R_1} + \frac{1}{R_3}\right)}$$

(3) 通带宽度

$$B = \frac{1}{C}\left(\frac{1}{R_1} + \frac{2}{R_2} - \frac{R_F}{R_3 R_4}\right)$$

（4）品质因数

$$Q = \frac{\omega_0}{B}$$

此电路的优点是改变 R_F 和 R_4 的比例就可改变频宽而不影响中心频率。

4.带阻滤波器（BEF）

如图 2-39(a) 所示，这种电路的性能和带通滤波器相反，即在规定的频带内，信号不能通过（或受到很大衰减或抑制），而在其余频率范围，信号则能顺利通过。

在双 T 网络后加一级同相比例运算电路就构成了基本的二阶有源 BEF。

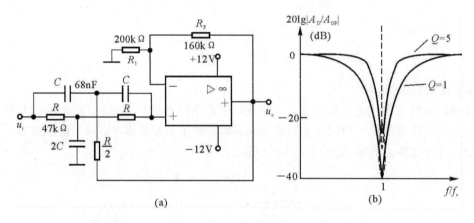

图 2-39 二阶带阻滤波器

(a)电路图；(b)频率特性

电路性能参数如下：

（1）通带增益

$$A_{UP} = 1 + \frac{R_F}{R_1}$$

（2）中心频率

$$f_0 = \frac{1}{2\pi RC}$$

（3）带阻宽度

$$B = 2(2 - A_{UP})f_0$$

（4）品质因数

$$Q = \frac{1}{2(2 - A_{UP})}$$

三、实验设备与器件

（1）±12 V 直流电源。

（2）函数信号发生器。

（3）双踪示波器。

（4）交流毫伏级电压表。

（5）频率计。

（6）集成运算放大器 $\mu A741 \times 1$。

（7）电阻器、电容器若干。

四、实验内容

1.二阶低通滤波器

实验电路如图 $2-36(a)$ 所示。

（1）粗测：接通 ± 12 V 电源。u_i 接函数信号发生器，令其输出为 $U_i = 1$ V 的正弦波信号，在滤波器截止频率附近改变输入信号频率，用示波器或交流毫伏级电压表观察输出电压幅度的变化是否具备低通特性，如不具备，应排除电路故障。

（2）在输出波形不失真的条件下，选取适当幅度的正弦输入信号，在维持输入信号幅度不变的情况下，逐点改变输入信号频率。测量输出电压，记入表 $2-26$ 中，描绘幅频特性曲线。

表 2-26　二阶低通滤波器输出电压记录表

$f/$Hz	
$U_o/$V	

2.二阶高通滤波器

实验电路如图 $2-37(a)$ 所示。

（1）粗测：输入 $U_i = 1$ V 的正弦波信号，在滤波器截止频率附近改变输入信号频率，观察电路是否具备高通特性。

（2）测绘高通滤波器的幅频特性曲线，有关数据记入表 $2-27$。

表 2-27　二阶高通滤波器输出电压记录表

$f/$Hz	
$U_o/$V	

3.带通滤波器

实验电路如图 $2-38(a)$ 所示。

（1）实测电路的中心频率 f_0。

（2）以实测中心频率为中心，测绘电路的幅频特性曲线，有关数据记入表 $2-28$。

表 2-28　带通滤波器输出电压记录表

$f/$Hz	
$U_o/$V	

4.带阻滤波器

实验电路如图 $2-39(a)$ 所示。

(1) 实测电路的中心频率 f_0。

(2) 测绘电路的幅频特性曲线,有关数据记入表 2 - 29。

表 2 - 29   带阻滤波器输出电压记录表

f/Hz	
U_o/V	

五、实验报告要求

(1) 整理实验数据,画出各电路实测的幅频特性。

(2) 根据实验曲线,计算截止频率、中心频率、带宽及品质因数。

(3) 总结有源滤波电路的特性。

六、思考题

(1) 如何提高带通滤波器的品质因数?

(2) 分析图 2-36、图 2-37、图 2-38、图 2-39 所示电路,写出它们的增益特性表达式。

(3) 计算图 2-36、图 2-37 所示滤波器的截止频率,图 2-38、图 2-39 所示滤波器的中心频率。

实验十二 集成运算放大器的基本应用(Ⅳ) ——仪表放大电路

一、实验目的

(1)进一步了解运算放大电路的应用。

(2)掌握仪表放大电路的调试及测量方法。

二、实验电路原理

在自动控制和非电量系统中,常用各种传感器将非电量(温度、应变、压力等)的变化变换为电压信号,而后输入系统。但这种电信号的变化非常小(一般只有几毫伏到几十毫伏),要将电信号加以放大,有的甚至放大上千倍或上万倍,因此都采用这种仪表放大电路(见图 2-40)。电路有两级放大级,第一级由 A_1,A_2 组成,它们都是同相输入,输入电阻高,并且由于电路结构对称,可抑制零点漂移;第二级由 A_3 组成差动放大电路,它具有很大的共模抑制比、极高的输入电阻,且其增益能在大范围内可调。

如果 $R_2 = R_3$,$R_4 = R_5$,$R_6 = R_7$,改变 R_1 的阻值,即可调节放大倍数。

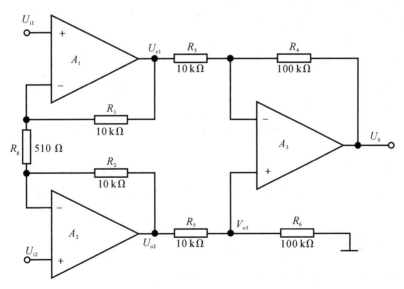

图 2-40 仪表放大电路图

因为
$$\frac{U_{o1}-U_{i1}}{R_1}=\frac{U_{i1}-U_{i2}}{R_g}$$

所以
$$U_{o1}=\left(1+\frac{R_1}{R_g}\right)\times U_{i1}-\frac{R_1}{R_g}\times U_{i2}$$

因为
$$\frac{U_{o2}-U_{i2}}{R_2}=\frac{U_{i2}-U_{i1}}{R_g}$$

所以
$$U_{o2}=\left(1+\frac{R_2}{R_g}\right)\times U_{i2}-\frac{R_2}{R_g}\times U_{i1}$$

$$U_{o3}=\frac{R_6}{R_5+R_6}\times U_{o2}$$

由差分放大电路性质可知,若 $R_1=R_2$, $R_3=R_5$, $R_4=R_6$,有

$$U_o=U_{o3}+\frac{U_{o3}-U_{o1}}{R_3}\times R_4=\frac{R_3+R_4}{R_3}\times U_{o3}-\frac{R_4}{R_3}\times U_{o1}=$$

$$\frac{R_3+R_4}{R_5+R_6}\times\frac{R_6}{R_3}\times U_{o2}-\frac{R_4}{R_3}\times U_{o1}=$$

$$\frac{R_6}{R_3}\times U_{o2}-\frac{R_4}{R_3}\times U_{o1}=\frac{R_4}{R_3}(U_{o2}-U_{o1})$$

$$A_U=\frac{U_o}{U_{i1}-U_{i2}}=\frac{R_4}{R_3}\left(1+\frac{2R_2}{R_g}\right)$$

三、实验设备与器件

(1) ± 12 V 直流电源。

(2) 函数信号发生器。

(3) 双踪示波器(另配)。

(4) 直流电压表。

(5) μA741$\times$3、二极管、电阻器等。

四、实验内容

(1) 检查芯片,对照图 2-41 检查芯片,先连接成反相放大电路。$U_i=0.1$ V,$R_1=10$ kΩ,$R_F=100$ kΩ,$R_2=10$ kΩ,测量 U_o 的幅值。

(2) μA741 芯片检查无误后,按仪表放大电路(见图 2-40)连接电路,令 $f=1$ kHz,$U_{i1}=U_{i2}=0$ V,用数字万用表测量 $U_{o1}=U_{o2}=U_o$。

(3) 单端输入 $U_{i1}=5$ mV,$f=1$ kHz 的输入信号,测量输出电压 U_o 的值。

(4) 双端输入 $U_{i1}=5$ mV,$U_{i2}=-5$ mV,$f=1$ kHz 的输入信号,测量输出电压 U_o 的值。

五、实验报告要求

(1) 计算仪表放大电路的 A_U 值与理论值比较。

(2) 掌握仪表放大电路的应用范围。

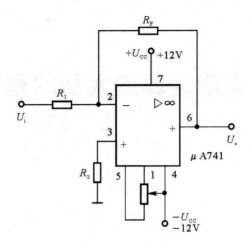

图 2-41　反相放大电路

六、思考题

(1) 图 2-40 所示的 R_1 在电路中起什么作用?

(2) 图 2-40 所示的放大电路,对三个集成运放有什么要求?

实验十三　集成运算放大器的基本应用（Ⅴ）
——波形产生电路

一、实验目的

(1)学习用集成运放构成正弦波、方波和三角波发生器。

(2)掌握波形发生器的调整和主要性能指标的测试方法。

二、实验原理

由集成运放构成的正弦波、方波和三角波发生器有多种形式，本实验选用最常用的、线路比较简单的几种电路加以分析。

1. RC桥式正弦波振荡器（文氏电桥振荡器）

图2-42所示为RC桥式正弦波振荡器。其中RC串、并联电路构成正反馈支路，同时兼作选频网络，R_1，R_2，R_W 及二极管等元件构成负反馈和稳幅环节。调节电位器 R_W，可以改变负反馈深度，以满足振荡的振幅条件和改善波形。利用两个反向并联二极管 D_1，D_2 正向电阻的非线性特性来实现稳幅。D_1，D_2 采用硅管（温度稳定性好），且要求特性匹配，这样才能保证输出波形正、负半周对称。R_3 的接入是为了削弱二极管非线性的影响，以改善波形失真。

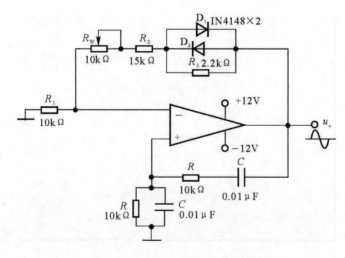

图2-42　RC桥式正弦波振荡器

电路的振荡频率
$$f_0 = \frac{1}{2\pi RC}$$

起振的幅值条件
$$\frac{R_F}{R_1} \geqslant 2$$

式中：$R_F = R_w + R_2 + (R_3 // r_D)$；$r_D$ 为二极管正向导通电阻。

调整反馈电阻 R_F（调 R_w），使电路起振，且波形失真最小。如不能起振，则说明负反馈太强，应适当加大 R_F。如波形失真严重，则应适当减小 R_F。

改变选频网络的参数 C 或 R，即可调节振荡频率。一般采用改变电容 C 作频率量程切换，而调节 R 作量程内的频率细调。

2.方波发生器

由集成运放构成的方波发生器，一般均包括比较器和RC积分器两大部分。图2-43所示为由滞回比较器及简单 RC 积分电路组成的方波发生器。它的特点是线路简单，但三角波的线性度较差，主要用于产生方波，或对三角波要求不高的场合。

电路振荡频率
$$f_0 = \frac{1}{2R_F C_F \ln\left(1 + \frac{2R_2}{R_1}\right)}$$

式中：$R_1 = R_1' + R_w'$；$R_2 = R_2' + R_w''$。

方波输出幅值
$$U_{om} = \pm U_Z$$

调节电位器 R_w（即改变 R_2/R_1），可以改变振荡频率，但三角波的幅值也随之变化。如要互不影响，则可通过改变 R_F（或 C_F）来实现振荡频率的调节。

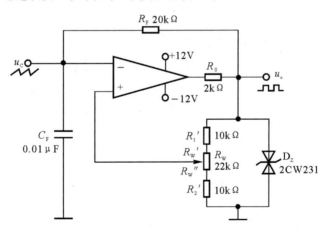

图 2-43　方波发生器

3.三角波和方波发生器

如把滞回比较器和积分器首尾相接形成正反馈闭环系统，如图2-44所示，则比较器 A_1 输出的方波经积分器 A_2 积分可得到三角波，三角波又触发比较器自动翻转形成方波，这样即可构成三角波、方波发生器。图2-45为方波、三角波发生器输出波形图。由于采用运放组成的积分电路，因此可实现恒流充电，使三角波线性大大改善。

电路振荡频率

$$f_0 = \frac{R_2}{4R_1(R_F + R_W)C_F}$$

方波幅值

$$U'_{om} = \pm U_Z$$

三角波幅值

$$U_{om} = \frac{R_1}{R_2}U_Z$$

调节 R_W 可以改变振荡频率,改变比值 R_1/R_2 可调节三角波的幅值。

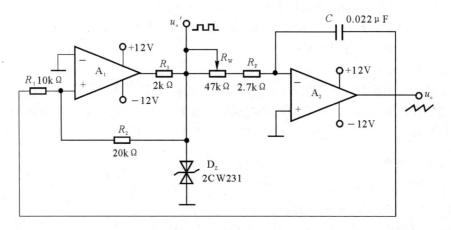

图 2-44　三角波、方波发生器

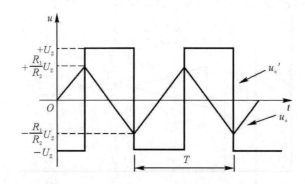

图 2-45　方波、三角波发生器输出波形图

三、实验设备与器件

(1)±12 V 直流电源。

(2)双踪示波器。

(3)交流毫伏级电压表。

(4)直流电压表。

(5)集成运算放大器 μA741×1,电阻器、电容器及插线若干。

四、实验内容

1. RC 桥式正弦波振荡器

按图 2-42 所示电路连接实验电路。

(1) 接通 ±12 V 电源，调节电位器 R_W，使输出波形从无到有，从正弦波到出现失真。描绘 u_o 的波形，记下临界起振、正弦波输出及失真情况下的 R_W 值，分析负反馈强弱对起振条件及输出波形的影响。

(2) 调节电位器 R_W，使输出电压 u_o 幅值最大且不失真，用交流毫伏级电压表分别测量输出电压 U_o、反馈电压 U_+ 和 U_-，分析研究振荡的幅值条件。

(3) 用示波器或频率计测量振荡频率 f_0，然后在选频网络的两个电阻 R 上并联同一阻值电阻，观察记录振荡频率的变化情况，并与理论值进行比较。

(4) 断开二极管 D_1，D_2，重复 (2) 的内容，将测试结果与 (2) 进行比较，分析 D_1，D_2 的稳幅作用。

(5) RC 串并联网络幅频特性观察。将 RC 串并联网络与运放断开，由函数信号发生器注入 3 V 左右正弦信号，并用双踪示波器同时观察 RC 串并联网络输入、输出波形。保持输入幅值 (3 V) 不变，从低到高改变频率，当信号源达某一频率时，RC 串并联网络输出将达最大值 (约 1 V)，且输入、输出同相位。此时的信号源频率为

$$f = f_0 = \frac{1}{2\pi RC}$$

2. 方波发生器

按图 2-43 所示电路连接实验电路。

(1) 将电位器 R_W 调至中心位置，用双踪示波器观察并描绘方波 u_o 及三角波 u_C 的波形 (注意对应关系)，测量其幅值及频率，记录之。

(2) 改变 R_W 动点的位置，观察 u_o，u_C 幅值及频率变化情况。把动点调至最上端和最下端，测出频率范围，记录之。

(3) 将 R_W 恢复至中心位置，将一只稳压管短接，观察 u_o 波形，分析 D_Z 的限幅作用。

3. 三角波和方波发生器

按图 2-44 所示电路连接实验电路。

(1) 将电位器 R_W 调至合适位置，用双踪示波器观察并描绘三角波输出 u_o 及方波输出 u_o'，测其幅值、频率及 R_W 值，记录之。

(2) 改变 R_W 的位置，观察对 u_o，u_o' 幅值及频率的影响。

(3) 改变 R_1 (或 R_2)，观察对 u_o，u_o' 幅值及频率的影响。

五、实验报告要求

1. 正弦波发生器

(1) 列表整理实验数据，画出波形，把实测频率与理论值进行比较。

(2) 根据实验分析 RC 振荡器的振幅条件。

(3) 讨论二极管 D_1，D_2 的稳幅作用。

2.方波发生器

(1) 列表整理实验数据,在同一坐标纸上,按比例画出方波和三角波的波形图(标出时间和电压幅值)。

(2) 分析 R_w 变化时,对 u_o 波形的幅值及频率的影响。

(3) 讨论 D_z 的限幅作用。

3.三角波和方波发生器

(1) 整理实验数据,把实测频率与理论值进行比较。

(2) 在同一坐标纸上,按比例画出三角波及方波的波形,并标明时间和电压幅值。

(3) 分析电路参数(R_1,R_2 和 R_w)变化对输出波形频率及幅值的影响。

六、思考题

(1) 为什么在 RC 桥式正弦波振荡电路中要引入负反馈支路?为什么要增加二极管 D_1 和 D_2?它们是怎样稳幅的?

(2) 电路参数变化对图 2-43、图 2-44 所示电路产生的方波和三角波频率及电压幅值有什么影响?(或者:怎样改变图 2-43、图 2-44 所示电路中方波及三角波的频率及幅值?)

(3) 在波形发生器各电路中,"相位补偿"和"调零"是否需要?为什么?

(4) 怎样测量非正弦波电压的幅值?

实验十四　RC 正弦波振荡器

一、实验目的

（1）进一步学习 RC 正弦波振荡器的组成及其振荡条件。

（2）学会测量、调试振荡器。

二、实验原理

从结构上看，正弦波振荡器是没有输入信号的、带选频网络的正反馈放大器。若用 R，C 元件组成选频网络，就称为 RC 振荡器，一般用来产生 $1\,\text{Hz} \sim 1\,\text{MHz}$ 的低频信号。

1. RC 移相振荡器

电路形式如图 2-46 所示，选择 $R \gg R_i$。

振荡频率：$f_0 = \dfrac{1}{2\pi\sqrt{6}\,RC}$。

起振条件：放大器 A 的电压放大倍数 $|\dot{A}| > 29$。

电路特点：简便，但选频作用差，振幅不稳，频率调节不便，一般用于频率固定且稳定性要求不高的场合。

频率范围：几赫至数十千赫。

2. RC 串并联网络（文氏桥）振荡器

电路形式如图 2-47 所示。

振荡频率：$f_0 = \dfrac{1}{2\pi RC}$。

起振条件：$|\dot{A}| > 3$。

电路特点：可方便地连续改变振荡频率，便于加负反馈稳幅，容易得到良好的振荡波形。

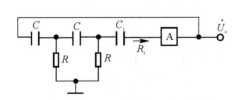

图 2-46　RC 移相振荡器原理图

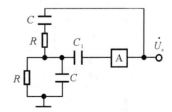

图 2-47　RC 串并联网络振荡器原理图

3.双 T 选频网络振荡器

电路形式如图 2-48 所示。

振荡频率：$f_0 = \dfrac{1}{5RC}$。

起振条件：$R' < \dfrac{R}{2}$，$|\dot{A}\dot{F}| > 1$。

电路特点：选频特性好，调频困难，适于产生单一频率的振荡。

注：本实验采用两级共射极分立元件放大器组成 RC 正弦波振荡器。

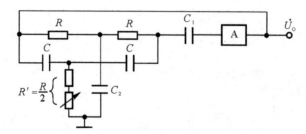

图 2-48　双 T 选频网络振荡器原理图

三、实验设备与器件

(1) +12 V 直流电源。

(2) 双踪示波器。

(3) 交流毫伏级电压表。

(4) 直流电压表。

(5)3DG6、电阻器、电容器及插线若干。

四、实验内容

1.RC 串并联选频网络振荡器

(1) 按图 2-49 所示电路连接线路。

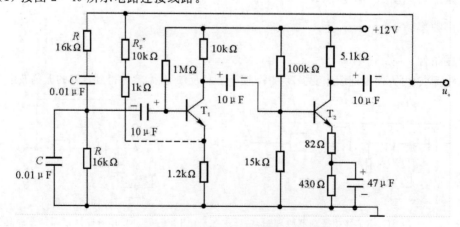

图 2-49　RC 串并联选频网络振荡器

（2）断开 RC 串并联网络，测量放大器静态工作点及电压放大倍数，并把数据记入表 2 – 30 中。

表 2 – 30　静态工作测量数据记录表

U_{B1}/V	U_{C1}/V	U_{E1}/V	U_{B2}/V	U_{C2}/V	U_{E2}/V

（3）接通 RC 串并联网络，并使电路起振，用示波器观测输出电压 u_o 波形，调节 R_F 使获得满意的正弦信号，记录波形并将幅值等参数记入表 2 – 31 中。

表 2 – 31　电压放大倍数测量数据记录表

U_i/V	U_o/V	A_V

（4）测量振荡频率，并与计算值进行比较。

（5）改变 R 或 C 值，观察振荡频率变化情况。

（6）RC 串并联网络幅频特性的观察。将 RC 串并联网络与放大器断开，用函数信号发生器的正弦信号注入 RC 串并联网络，保持输入信号的幅度不变（约 3 V），频率由低到高变化，RC 串并联网络输出幅值将随之变化，当信号源达某一频率时，RC 串并联网络的输出将达最大值（约 1 V），且输入、输出同相位，此时信号源频率为

$$f = f_0 = \frac{1}{2\pi RC}$$

2. 双 T 选频网络振荡器

（1）按图 2 – 50 连接线路。

（2）断开双 T 网络，调试 T_1 管静态工作点，使 U_{C1} 为 6 ～ 7 V。

（3）接入双 T 网络，用示波器观察输出波形。若不起振，调节 R_{W1}，使电路起振。

（4）测量电路振荡频率，并与计算值比较。

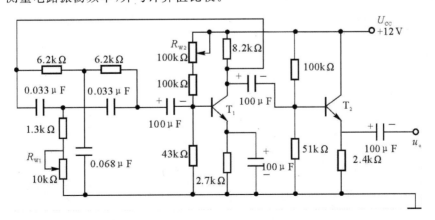

图 2 – 50　双 T 网络 RC 正弦波振荡器

3.RC 移相式振荡器的组装与调试

（1）按图 2-51 所示电路连接线路。

（2）断开 RC 移相电路，调整放大器的静态工作点，测量放大器电压放大倍数。

（3）接通 RC 移相电路，调节 R_{B2} 使电路起振，并使输出波形幅度最大，用示波器观测输出电压 u_o 波形，同时用频率计和示波器测量振荡频率，并与理论值比较。

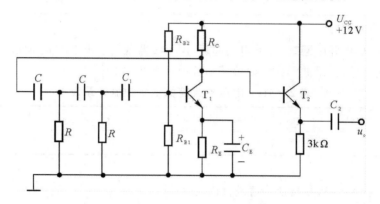

图 2-51　RC 移相式振荡器

五、实验报告要求

（1）由给定电路参数计算振荡频率，并与实测值比较，分析误差产生的原因。

（2）总结三类 RC 振荡器的特点。

六、思考题

（1）如何改变 RC 串并联选频网络振荡器振荡频率？

（2）如何改变双 T 选频网络振荡器输出电压？

（3）如何用示波器来测量振荡电路的振荡频率？

实验十五 集成功率放大电路

一、实验目的

(1)熟悉集成功率放大器及其特点。

(2)掌握集成功率放大器的主要性能、指标和测量方法。

二、实验原理

集成功率放大器(简称集成功放)由集成功率放大模块和一些外部阻容元件构成。它具有线路简单、性能优越、工作可靠、高度方便等优点,已经成为在音频领域中应用十分广泛的功率放大器。

电路中最主要的组件为集成功放模块,它的内部电路与其他一般分立元件功率放大器不同,通常包括前置级、推动级和功率放大级等几部分。有些还具有一些特殊功能(消除噪声、短路保护等)的电路。其电压增益较高(当不加负反馈时,电压增益可达 $70 \sim 80$ dB;当加典型负反馈时,电压增益在 40 dB 以上)。

集成功率放大模块种类很多。本实验采用的集成功率放大模块型号为 LM386,它是一种低电压通用集成功放,工作电压为 $+4$ V$\sim+12$ V,输出功率为 600 mW,带宽为 300 kHz,采用 8 脚双列直插式塑料封装。其管脚排列如图 $2-52$ 所示。

管脚 2:反相输入端;

管脚 3:同相输入端;

管脚 4:接地端;

管脚 5:输出端;

管脚 6:工作电源引入端;

管脚 1 与 8:电压增益设定端;

管脚 7:与地之间串接旁路电容。

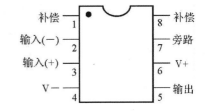

图 $2-52$ LM386 外形和管脚排列图

LM386 的内部电路是一个三级放大电路:第一级为差分放大电路,第二级为共射放大电路,第三级为准互补输出级功放电路,如图 $2-53$ 所示。

第一级由 T_2,T_4 组成双端输入单端输出差分放大电路,T_3,T_5 是其恒流源负载,T_1,T_6 是为了提高输入电阻而设置的输入端射极跟随器,R_1,R_7 为偏置电阻,该级输出取自 T_4 的集电极。R_5 是差分放大器的发射极负反馈电阻,管脚 1,8 间外接旁路电容,以短路 R_5 两端的交流压降,可使电压放大倍数提高到 200 倍。在实际使用中往往在 1,8 之间外接阻容串联电路。

第二级由 T_7 和其集电极恒流源负载构成共发射极放大电路,它是集成功放的主要增益级。

第三级由 T_8,T_{10} 复合等效为 PNP 管与 T_9 组成准互补输出级功放电路,二极管 D_1,D_2 为 T_8,T_9 提供静态偏置,以消除交越失真,R_6 是级间电压串联负反馈电阻。

LM386 典型应用如图 2-54 所示,5 脚外接电容 C_3 为隔直电容,以便构成 OTL 电路,R_2,C_4 是为了改善功率放大电路的高频特性和防止高频自激,输入信号由同相输入端 3 脚输入,反相输入端 2 脚接地,构成单端输入方式。管脚 7 是去耦端,与其地之间外接旁路电容 C_1,以防止电路产生自激振荡。R_1 为取样电阻,用于测量输入电流。C_2 为去耦电容。R_L 为负载。

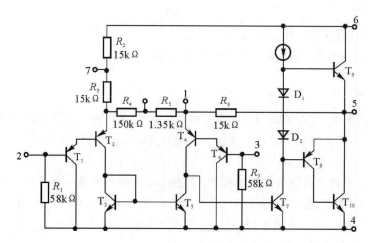

图 2-53 LM386 内部电路图

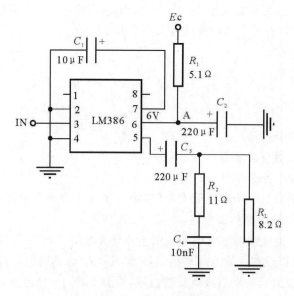

图 2-54 LM386 典型应用图

1.静态直流电源供电功率 P_{E_o} 的测量

$$P_{E_o} = 6 \times I_o = 6 \times \frac{U_1}{R_1}$$

2.最大输出功率 P_{omax} 的测量

当电路带负载情况下，增大功放电路的输入 u_i，使输出 u_{oL} 最大且不失真，测 u_{oL} 的有效值并计算输出功率。

$$P_{omax} = \frac{u_{oL}^2}{R_L}$$

3.动态直流电源供电功率 P_E 的测量

$$P_E = 6 \times \frac{U_1}{R1}$$

4.功率放大器的效率

功率放大器的效率是最大输出功率与供电功率之比：

$$\eta = \frac{P_{omax}}{P_E} \times 100\%$$

三、实验设备与器件

（1）直流电源。

（2）函数信号发生器。

（3）双踪示波器。

（4）交流毫伏级电压表。

（5）万用表。

（6）频率计。

（7）集成功放 LM386。

（8）模拟电子技术实验箱。

四、实验内容

（1）用万用表测电阻 R_1 和 R_L 的阻值。

（2）按照图 2-54 所示电路连线，经检查无误后，接通直流电源，使 LM386 的 6 脚的电压为 6 V。同相输入端 3 脚接地，用示波器观察输出端有无周期性波形输出，如有，说明还要进一步消除自激振荡，可以通过改变导线布局消除自激振荡。

（3）消除自激振荡后，用万用表测电阻 R_1 两端的电压 U_1，以及各个引脚的静态工作电压，所测数据记录于表 2-32 中，并用公式计算静态直流电源供电功率 P_{E_o}。

表 2-32　LM386 管脚电压测量记录表

管　　脚	1	2	3	4	5	6	7	8
工作电压（理论值）/V								
工作电压（测量值）/V								

（4）在输入端接入频率为 1 kHz 的正弦波信号，用示波器观察输出电压波形。逐渐增加输入信号幅值，直至输出电压波形出现失真变形为止；用万用表测 LM386 的 6 脚的电压是否为 6 V，否则，调整电源电压，使其电压为 6 V。继续增加输入信号幅值，直至输出电压波形出现失真变形为止。用毫伏级电压表测量并记录此时输出电压、输入电压，用万用表测电阻 R_1 两端的电压 U_1，并用公式计算最大输出功率 P_{max}、动态直流电源供电功率 P_E 和功率放大器的效率。

操作本实验时，应注意以下几点：

（1）电源电压不允许超过极限值，不允许极性接反，否则集成块将遭损坏。

（2）当电路工作时，应绝对避免负载短路，否则将烧毁集成块。

（3）接通电源后，时刻注意集成块的温度。有时，未加输入信号集成块就发热过甚，同时直流毫安级电流表指示出较大电流及示波器显示出幅度较大、频率较高的波形，说明电路有自激现象，应立即关机，然后进行故障分析、处理。待自激振荡消除后，才能重新进行实验。

（4）输入信号不要过大。

（5）在整个实验过程中，确保 LM386 的 6 脚的电压始终为 6 V。

五、实验报告要求

（1）把所测数据及计算结果填入相应的表格，并按实验要求画出相应的波形。

（2）说明产生自激振荡的原因。

（3）总结 LM386 集成功放在实际应用中应注意的事项。

六、思考题

（1）若将电容 C_1 除去，将会出现什么现象？

（2）若无输入信号，从接在输出端的示波器上观察到频率较高的波形，是否正常？如何消除？

（3）在图 2 - 54 所示电路中，R_2 和 C_4 的作用是什么？

（4）根据实验现象，说明 C_1，C_2，C_3 的作用。

（5）为什么 1 和 8 脚之间接入电容后，音量变大，但音质变差了一些？

（6）能不能将 LM386 的 2 脚接地，3 脚接在电位器 W 的动触点上？

实验十六　OTL 功率放大器

一、实验目的

(1)进一步理解 OTL 功率放大器的工作原理。

(2)学会 OTL 电路的调试及主要性能指标的测试方法。

二、实验原理

图 2-55 所示为 OTL 低频功率放大器。其中,由晶体三极管 T_1 组成推动级(也称前置放大级),T_2,T_3 是一对参数对称的 NPN 和 PNP 型晶体三极管,它们组成互补推挽 OTL 功放电路。由于每一个管子都接成射极输出器形式,因此具有输出电阻低、负载能力强等优点,适合于作功率输出级。T_1 管工作于甲类状态,它的集电极电流 I_{C1} 由电位器 R_{W1} 进行调节。I_{C1} 的一部分流经电位器 R_{W2} 及二极管 D,给 T_2,T_3 提供偏压。调节 R_{W2},可以使 T_2,T_3 得到合适的静态电流而工作于甲、乙类状态,以克服交越失真。静态时要求输出端中点 A 的电位 $U_A = \frac{1}{2}U_{CC}$,可以通过调节 R_{W1} 来实现,又由于 R_{W1} 的一端接在 A 点,因此在电路中引入交、直流电压并联负反馈,一方面能够稳定放大器的静态工作点,同时也改善了非线性失真。

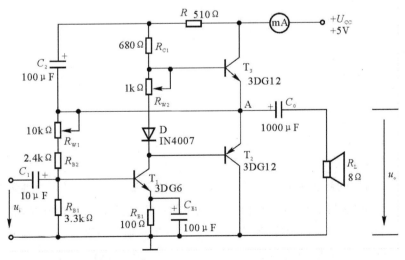

图 2-55　OTL 功率放大器实验电路

当输入正弦交流信号 u_i 时,经 T_1 放大、倒相后同时作用于 T_2,T_3 的基极,u_i 的负半周使 T_2 管导通(T_3 管截止),有电流通过负载 R_L,同时向电容 C_0 充电,在 u_i 的正半周,T_3 导通(T_2 截止),则已充好电的电容器 C_0 起着电源的作用,通过负载 R_L 放电,这样在 R_L 上就得到完整的正弦波。

C_2 和 R 构成自举电路,用于提高输出电压正半周的幅度,以得到大的动态范围。

OTL 电路的主要性能指标如下。

(1) 最大不失真输出功率 P_{om}。

在理想情况下,$P_{om} = \dfrac{1}{8}\dfrac{U_{CC}^2}{R_L}$,在实验中可通过测量 R_L 两端的电压有效值,来求得实际的 $P_{om} = \dfrac{U_o^2}{R_L}$。

(2) 效率 η:

$$\eta = \frac{P_{om}}{P_E} \times 100\%$$

式中:P_E 为直流电源供给的平均功率。

在理想情况下,$\eta_{max} = 78.5\%$。在实验中,可测量电源供给的平均电流 I_{dC},从而求得 $P_E = U_{CC}I_{dC}$,负载上的交流功率已用上述方法求出,因而也就可以计算实际效率了。

(3) 输入灵敏度。输入灵敏度是指当输出最大不失真功率时,输入信号 U_i 的值。

三、实验设备与器件

(1) 直流电源。

(2) 函数信号发生器。

(3) 双踪示波器。

(4) 交流毫伏级电压表。

(5) 万用表。

(6) 频率计。

(7) 万用表。

(8) 模拟电子技术实验箱。

四、实验内容

在整个测试过程中,电路不应有自激现象。

1.静态工作点的测试

按图 2-55 所示电路连接实验电路,将输入信号旋钮旋至零($u_i = 0$),电源进线中串入直流毫安级电流表,电位器 R_{W2} 置最小值,R_{W1} 置中间位置。接通 +5 V 电源,观察毫安级电流表指示,同时用手触摸输出级管子,若电流过大,或管子温升显著,应立即断开电源检查原因(如 R_{W2} 开路,电路自激,或输出管性能不好等)。如无异常现象,可开始调试。

（1）调节输出端中点电位 U_A。调节电位器 R_{w1}，用直流电压表测量 A 点电位，使 $U_A = \frac{1}{2}U_{CC}$。

（2）调整输出级静态电流及测试各级静态工作点。调节 R_{w2}，使 T_2，T_3 管的 $I_{C2} = I_{C3} = 5 \sim 10 \text{ mA}$。从减小交越失真角度而言，应适当加大输出级静态电流，但该电流过大，会使效率降低，因此一般以 $5 \sim 10 \text{ mA}$ 为宜。由于毫安级电流表是串在电源进线中，因此测得的是整个放大器的电流，但一般 T_1 的集电极电流 I_{C1} 较小，从而可以把测得的总电流近似当作末级的静态电流。如要准确得到末级静态电流，则可从总电流中减去 I_{C1} 的值。

调整输出级静态电流的另一方法是动态调试法。先使 $R_{w2} = 0$，在输入端接入 $f = 1 \text{ kHz}$ 的正弦信号 u_i。逐渐加大输入信号的幅值，此时，输出波形应出现较严重的交越失真（注意：没有饱和和截止失真），然后缓慢增大 R_{w2}，当交越失真刚好消失时，停止调节 R_{w2}，恢复 $u_i = 0$，此时直流毫安级电流表读数即为输出级静态电流。一般数值也应在 $5 \sim 10 \text{ mA}$，如过大，则要检查电路。

输出级电流调好以后，测量各级静态工作点，记入表 2-33。

表 2-33　静态测量数据记录表

$U_A = 2.5 \text{ V}$

	T_1	T_2	T_3
U_B/V			
U_C/V			
U_E/V			

注意：

（1）当调整 R_{w2} 时，要注意旋转方向，不要调得过大，更不能开路，以免损坏输出管。

（2）输出级静态电流调好以后，如无特殊情况，不得随意旋动 R_{w2} 的位置。

2.最大输出功率 P_{om} 和效率 η 的测试

（1）测量 P_{om}。输入端接 $f = 1 \text{ kHz}$ 的正弦信号 u_i，输出端用示波器观察输出电压 u_o 波形。逐渐增大 u_i，使输出电压达到最大不失真输出，用交流毫伏级电压表测出负载 R_L 上的电压 U_{om}，则

$$P_{om} = \frac{U_{om}^2}{R_L}$$

（2）测量 η。当输出电压为最大不失真输出时，读出直流毫安级电流表中的电流值，此电流即为直流电源供给的平均电流 I_{dC}（有一定误差），由此可近似求得 $P_E = U_{CC}I_{dC}$，再根据上面测得的 P_{om}，即可求出 $\eta = \frac{P_{om}}{P_E}$。

3.输入灵敏度测试

根据输入灵敏度的定义，只要测出输出功率 $P_o = P_{om}$ 时的输入电压值 U_i 即可。

4.频率响应的测试

测试方法同实验二。数据记入表 2 - 34。

表 2 - 34　频率响应测试数据记录表

	f_L			f_o		f_H		
f/Hz				1 000				
U_o/V								
A_U								

在测试时,为保证电路的安全,应在较低电压下进行,通常取输入信号为输入灵敏度的 50%。在整个测试过程中,应保持 U_i 为恒定值,且输出波形不得失真。

5.研究自举电路的作用

(1) 测量有自举电路,且 $P_o = P_{omax}$ 时的电压增益 $A_U = \dfrac{U_{om}}{U_i}$。

(2) 将 C_2 开路,R 短路(无自举),再测量 $P_o = P_{omax}$ 的 A_U。

用示波器观察(1)和(2)两种情况下的输出电压波形,并将以上两项测量结果进行比较,分析研究自举电路的作用。

6.噪声电压的测试

测量时将输入端短路($u_i = 0$),观察输出噪声波形,并用交流毫伏级电压表测量输出电压,即为噪声电压 U_N,本电路若 $U_N < 15\ \text{mV}$,即满足要求。

五、实验报告要求

(1) 整理实验数据,计算静态工作点、最大不失真输出功率 P_{om}、效率 η 等,并与理论值进行比较。画出频率响应曲线。

(2) 分析自举电路的作用。

六、思考题

(1) 为什么引入自举电路能够扩大输出电压的动态范围?

(2) 交越失真产生的原因是什么?怎样克服交越失真?

(3) 如果电路中电位器 R_{W2} 开路或短路,对电路工作有何影响?

(4) 为了不损坏输出管,调试中应注意什么问题?

(5) 如电路有自激现象,应如何消除?

实验十七　串联型晶体管稳压电路

一、实验目的

(1)研究单相桥式整流、电容滤波电路的特性。

(2)掌握串联型晶体管稳压电路主要技术指标的测试方法。

二、实验原理

电子设备一般都需要直流电源供电。这些直流电除了少数直接利用干电池和直流发电机外,大多数是采用把交流电(市电)转变为直流电的直流稳压电源。

直流稳压电源由电源变压器、整流电路、滤波电路和稳压电路四部分组成,其原理框图如图 2-56 所示。电网供给的交流电压 u_1(220 V,50 Hz)经电源变压器降压后,得到符合电路需要的交流电压 u_2,然后由整流电路变换成方向不变、大小随时间变化的脉动电压 u_3,再用滤波器滤去其交流分量,就可得到比较平直的直流电压 u_i。但这样的直流输出电压,还会随交流电网电压的波动或负载的变动而变化。在对直流供电要求较高的场合,还需要使用稳压电路,以保证输出直流电压更加稳定。

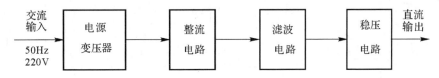

图 2-56　直流稳压电源框图

图 2-57 所示是由分立元件组成的串联型稳压电路的电路图。其整流部分为单相桥式整流电路,滤波采用电容滤波电路。稳压部分为串联型稳压电路,它由调整元件(晶体管 T_1)、比较放大器(T_2)、取样电路(R_1,R_2,R_W)、基准电压(R_3,D_W)、过流保护电路(T_3)和电阻(R_4,R_5,R_6)等组成。整个稳压电路是一个具有电压串联负反馈的闭环系统,其稳压过程为:当电网电压波动或负载变动引起输出直流电压发生变化时,取样电路取出输出电压的一部分送入比较放大器,并与基准电压进行比较,产生的误差信号经 T_2 放大后送至调整管 T_1 的基极,使调整管改变其管压降,以补偿输出电压的变化,从而达到稳定输出电压的目的。

因为在稳压电路中,调整管与负载串联,所以流过它的电流与负载电流一样大。当输出电流过大或发生短路时,调整管会因电流过大或电压过高而损坏,因此需要对调整管加以保护。晶体管 T_3 和电阻 R_4，R_5，R_6 组成限流型保护电路。

稳压电源的主要性能指标如下。

（1）输出电压 U_o 和输出电压调节范围

$$U_o = \frac{R_1 + R_W + R_2}{R_2 + R_W}(U_Z + U_{BE3})$$

调节 R_W 可以改变输出电压 U_o。

（2）最大负载电流 I_{om}。

（3）输出电阻 R_o。

输出电阻定义为：当输入电压 U_i（稳压电路输入）保持不变时，由于负载变化而引起的输出电压变化量与输出电流变化量之比，即

$$R_o = \frac{\Delta U_o}{\Delta I_o}\bigg|_{U_i = 常数}$$

（4）稳压系数 S（电压调整率）。

稳压系数定义为：当负载保持不变时，输出电压相对变化量与输入电压相对变化量之比，即

$$S = \frac{\Delta U_o / U_o}{\Delta U_r / U_r}\bigg|_{R_L = 常数}$$

由于工程上常把电网电压波动 $\pm 10\%$ 作为极限条件，因此也有将此时输出电压的相对变化 $\Delta U_o / U_o$ 作为衡量指标，称为电压调整率。

（5）纹波电压。

输出纹波电压是指在额定负载条件下，输出电压中所含交流分量的有效值（或峰值）。

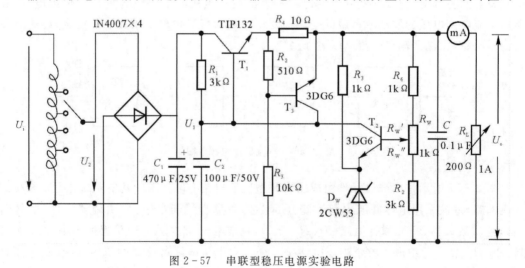

图 2 - 57　串联型稳压电源实验电路

三、实验设备与器件

（1）可调工频电源。

（2）双踪示波器。

（3）交流毫伏级电压表。

（4）直流电压表。

（5）直流毫安级电流表。

（6）滑线变阻器 200 Ω,1 A。

（7）模拟电子技术实验箱。

四、实验内容

1.整流滤波电路测试

按图2-58所示电路连接实验电路。将可调工频电源调至14 V,作为整流电路输入电压u_2。

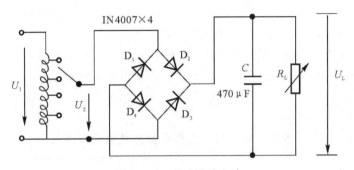

图 2-58　整流滤波电路

（1）取$R_L=240$ Ω,不加滤波电容,测量直流输出电压U_L及纹波电压$\overline{U}_L$,并用示波器观察u_2和u_L波形,记入表2-35。

（2）取$R_L=240$ Ω,$C=470$ μF,重复内容(1)的要求,记入表2-35。

（3）取$R_L=120$ Ω,$C=470$ μF,重复内容(1)的要求,记入表2-35。

表 2-35　整流滤波电路测试数据记录表

电路形式	U_L/V	$\overline{U}_L/V$	U_L 波形
$R_L=240$ Ω			
$R_L=240$ Ω $C=470$ μF			
$R_L=120$ Ω $C=470$ μF			

注意：

（1）每次改接电路时，必须切断工频电源。

（2）在观察输出电压 u_L 波形的过程中，"Y 轴灵敏度"旋钮位置调好以后，不要再变动，否则将无法比较各波形的脉动情况。

2.串联型稳压电路性能测试

切断工频电源，在图 2-58 基础上按图 2-57 所示连接实验电路。

（1）初测。稳压电路输出端负载开路，断开保护电路，接通 14 V 工频电源，用直流电压表测量滤波电路输出电压 U_i（稳压器输入电压）及输出电压 U_o。调节电位器 R_W，若 U_o 能跟随 R_W 线性变化，则说明稳压电路各反馈环路工作基本正常。否则，说明稳压电路有故障，应进行检查。此时可分别检查基准电压 U_Z，输入电压 U_i，输出电压 U_o，以及比较放大器和调整管各电极的电位（主要是 U_{BE} 和 U_{CE}），分析它们的工作状态是否都处在线性区，从而找出不能正常工作的原因。排除故障以后就可以进行下一步测试。

（2）测量输出电压可调范围。使 R_W 动点在中间位置附近时 $U_o=9$ V，调节负载使输出电流 $I_o=100$ mA。再调节电位器 R_W，测量输出电压可调范围 $U_{omin}\sim U_{omax}$。

（3）测量各级静态工作点。调节输出电压 $U_o=9$ V，输出电流 $I_o=100$ mA，测量各级静态工作点，记入表 2-36。

表 2-36　静态工作点测量数据记录表

$U_2=14$ V　$U_o=9$ V　$I_o=100$ mA

	T_1	T_2	T_3
U_B/V			
U_C/V			
U_E/V			

（4）测量稳压系数 S。取 $I_o=100$ mA，按表 2-37 改变整流电路输入电压 U_2（模拟电网电压波动），分别测出相应的稳压电路输入电压 U_i 及输出直流电压 U_o，记入表 2-37。

（5）测量输出电阻 R_o。取 $U_2=14$ V，改变负载大小，使 I_o 为空载、50 mA 和 100 mA，测量相应的 U_o 值，记入表 2-38。

表 2-37　稳压系数测量数据记录表

$I_o=100$ mA

测试值			计算值
U_2/V	U_i/V	U_o/V	S
10			S_{12}
14		9	
17			S_{23}

表 2-38　输出电压数据记录表

$U_2=14$ V

测试值		计算值
I_o/mA	U_o/V	R_o/Ω
空载		R_{o12}
50	9	
100		R_{o23}

(6)测量输出纹波电压。取$U_2=14$ V,$U_o=9$ V,$I_o=100$ mA,测量输出纹波电压$\overline{U}_o$,记录之。

(7)调整过流保护电路。

1)断开工频电源,接上保护回路,再接通工频电源,调节R_W及R_L使$U_o=9$ V,$I_o=100$ mA,此时保护电路应不起作用。测出T_3管各极电位值。

2)逐渐减小R_L,使I_o增加到120 mA,观察U_o是否下降,并测出保护起作用时T_3管各极的电位值。若保护作用过早或迟后,可改变R_4的值进行调整。

3)用导线瞬时短接一下输出端,然后去掉导线,检查电路是否能自动恢复正常工作。

五、实验报告要求

(1)对表 2-35 所测结果进行全面分析,总结桥式整流、电容滤波电路的特点。

(2)根据表 2-37 和表 2-38 所测数据,计算稳压电路的稳压系数S和输出电阻R_o,并进行分析。

(3)分析讨论实验中出现的故障及排除方法。

六、思考题

(1)根据实验电路参数,估算U_o的可调范围及当$U_o=9$ V时T_1,T_2管的静态工作点(假设调整管的饱和压降$U_{CE} \approx 1$ V)。

(2)在桥式整流电路实验中,能否用双踪示波器同时观察u_2和u_L波形,为什么?

(3)在桥式整流电路中,如果某个二极管发生开路、短路或反接 3 种情况,将会出现什么问题?

(4)为了使稳压电路的输出电压$U_o=9$ V,则其输入电压的最小值U_{1min}应等于多少?交流输入电压U_{2min}又怎样确定?

(5)当稳压电源输出不正常,或输出电压U_o不随取样电位器R_W而变化时,应如何进行检查找出故障所在?

(6)分析保护电路的工作原理。

(7)怎样提高稳压电源的性能指标(减小S和R_o)?

实验十八　集成稳压器电源

一、实验目的

(1)研究集成稳压器的特点和性能指标的测试方法。

(2)了解集成稳压器扩展性能的方法。

二、实验原理

随着半导体工艺的发展,稳压电路也制成了集成器件。由于集成稳压器具有体积小、外接线路简单、使用方便、工作可靠和通用性等优点,因此在各种电子设备中应用种类很多,应根据设备对直流电源的要求来进行选择。对于大多数电子仪器和电子电路来说,通常是选用串联线性集成稳压器。而在这种类型的器件中,又以三端式稳压器应用最为广泛。

78,79 系列三端式集成稳压器的输出电压是固定的,在使用中不能进行调整。78 系列三端式稳压器输出正极性电压,一般有 5 V,6 V,9 V,12 V,15 V,18 V,24 V 七个挡位,输出电流最大可达 1.5 A(加散热片)。同类型 78M 系列稳压器的输出电流为 0.5 A,78L 系列稳压器的输出电流为 0.1 A。若要求负极性输出电压,则可选用 79 系列稳压器。图 2-59 所示为 78 系列的外形和接线图。78 系列稳压器有 3 个引出端,即输入端(不稳定电压输入端),标以"1";输出端(稳定电压输出端),标以"3";公共端,标以"2"。

除固定输出三端稳压器外,还有可调式三端稳压器,后者可通过外接元件对输出电压进行调整,以适应不同的需要。

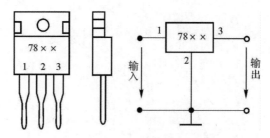

图 2-59　78 系列稳压器外形及接线图

本实验所用集成稳压器为三端固定正稳压 7812,它的主要参数如下。

输出直流电压:$U_o = +12$ V;

输出电流:0.1 ~ 0.5 A;

电压调整率:10 mV/V;

输出电阻:$R_o = 0.15\ \Omega$;

输入电压:$U_i = 15 \sim 17\ V$。

一般 U_i 要比 U_o 大 3 ~ 5 V,这样才能保证集成稳压器工作在线性区。

图 2-60 所示是用三端式稳压器 7812 构成的单电源电压输出串联型稳压电源的实验电路图。其中整流部分采用了由 4 个二极管组成的桥式整流器成品(又称桥堆),型号为 ICQ-4B,内部接线和外部管脚引线如图 2-61 所示。滤波电容 C_1,C_2 一般选取几百至几千微法。当稳压器距离整流滤波电路比较远时,在输入端必须接入电容器 C_3(数值为 0.33 μF),以抵消线路的电感效应,防止产生自激振荡。输出端电容 C_4(0.1 μF)用以滤除输出端的高频信号,改善电路的暂态响应。

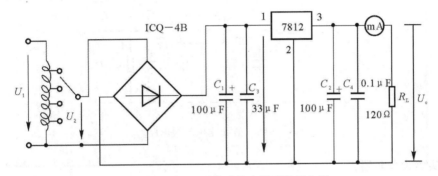

图 2-60 由 7812 构成的串联型稳压电源

图 2-62 所示为正、负双电压输出电路,例如需要 $U_{o1} = +18\ V$,$U_{o2} = -18\ V$,则可选用 7818 和 7918 三端稳压器,这时的 U_i 应为单电压输出时的两倍。

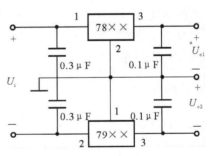

图 2-62 正、负双电压输出电路

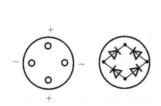

图 2-61 ICQ-4B 管脚图

当集成稳压器本身的输出电压或输出电流不能满足要求时,可通过外接电路来进行性能扩展。图 2-63 所示是一种简单的输出电压扩展电路。如 7812 稳压器的 3,2 端间输出电压为 12 V,因此只要适当选择 R 的值,使稳压管 D_W 工作在稳压区,则输出电压 $U_o = 12 + U_z$,可以高于稳压器本身的输出电压。图 2-64 所示是通过外接晶

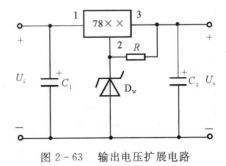

图 2-63 输出电压扩展电路

体管 T 及电阻 R_1 来进行电流扩展的电路。电阻 R_1 的阻值由外接晶体管的发射结导通电压 U_{BE}、三端式稳压器的输入电流 I_i（近似等于三端稳压器的输出电流 I_{o1}）和晶体管 T 的基极电流 I_B 来决定,即

$$R_1 = \frac{U_{BE}}{I_R} = \frac{U_{BE}}{I_i - I_B} = \frac{U_{BE}}{I_{o1} - \dfrac{I_C}{\beta}}$$

式中:I_C 为晶体管 T 的集电极电流,$I_C = I_o - I_{o1}$;β 为 T 的电流放大系数;对于锗管 U_{BE} 可按 0.3 V 估算,对于硅管 U_{BE} 可按 0.7 V 估算。

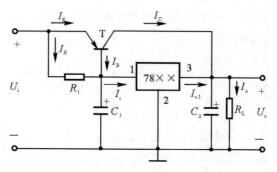

图 2-64　输出电流扩展电路

三、实验设备与器件

(1) 可调工频电源。

(2) 双踪示波器。

(3) 交流毫伏级电压表。

(4) 直流电压表。

(5) 直流毫安级电流表。

(6) 模拟电子技术实验箱。

四、实验内容

1. 整流滤波电路测试

按图 2-65 所示连接实验电路,取可调工频电源 14 V 电压作为整流电路输入电压 U_2。

接通工频电源,测量输出端直流电压 U_L 及纹波电压 $\widetilde{U}_L$,用示波器观察 u_2,u_L 的波形,把数据及波形记入自拟表格中。

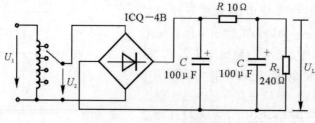

图 2-65　整流滤波电路

2.集成稳压器性能测试

断开工频电源,按图 2-60 所示改接实验电路,取负载电阻 $R_L = 120\ \Omega$。

(1)初测。接通工频电源14 V电压,测量U_2值,测量滤波电路输出电压U_i,集成稳压器输出电压U_o,它们的数值应与理论值大致符合,否则说明电路出了故障。设法查找故障并加以排除。

电路经初测进入正常工作状态后,才能进行各项指标的测试。

(2)各项性能指标测试。

1)输出电压U_o和最大输出电流I_{omax}。在输出端接负载电阻$R_L = 120\ \Omega$,由于7812输出电压$U_o = 12$ V,因此流过R_L的电流为$I_{omax} = 100$ mA。这时U_o应基本保持不变,若变化较大则说明集成电路性能不良。

2)稳压系数S的测量。

3)输出电阻R_o的测量。

4)输出纹波电压的测量。

2),3),4)的测试方法同实验十七,把测量结果记入自拟表格中。

(3)集成稳压器性能扩展。根据实验器材,选取图 2-62 和图 2-63 中各元件器材,并自拟测试方法与表格,记录实验结果。

五、实验报告要求

(1)整理实验数据,计算S和R_o,并与手册上的典型值进行比较。

(2)分析讨论实验中发生的现象和问题。

六、思考题

(1)当测量稳压系数S和电阻R_o时,应怎样选择测试仪表?

(2)在图 2-60 中,C_1,C_3电容耐压需要多少伏?

(3)在图 2-60 中,7812 的 1 脚的电压最低为多少?

实验十九　晶闸管可控整流电路

一、实验目的

(1)观察单结晶体管触发电路产生输出波形的特点。

(2)了解晶闸管可控整流的控制原理。

(3)学习对交流可控整流输出电压波形的观察。

二、实验原理

可控整流电路的作用是把交流电变换为电压值可以调节的直流电。图 2-66 所示为单相半控桥式整流实验电路。主电路由负载 R_L(灯泡)和晶闸管 T_1 组成,触发电路为单结晶体管 T_2 及一些阻容元件构成的阻容移相桥触发电路。改变晶闸管 T_1 的导通角,便可调节主电路的可控输出整流电压(或电流)的数值,这点可由灯泡负载的亮度变化看出。晶闸管导通角的大小决定于触发脉冲的频率 f,由公式

$$f = \frac{1}{RC}\ln\left(\frac{1}{1-\eta}\right)$$

可知,当单结晶体管的分压比 η(一般在 $0.5 \sim 0.8$ 之间)及电容 C 值固定时,则频率 f 大小由 R 决定,因此,通过调节电位器 R_W,可以改变触发脉冲频率,主电路的输出电压也随之改变,从而达到可控调压的目的。

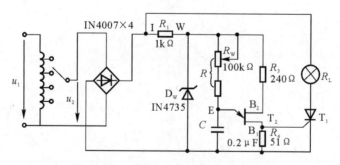

图 2-66　单相半控桥式整流实验电路

用万用电表的电阻挡(或用数字万用表二极管挡)可以对单结晶体管和晶闸管进行简易测试。

图 2-67 所示为单结晶体管 BT33 管脚排列、结构图及电路符号。好的单结晶体管 PN

结正向电阻 R_{EB1}，R_{EB2} 均较小，且 R_{EB1} 稍大于 R_{EB2}，PN 结的反向电阻 R_{B1E}，R_{B2E} 均应很大，根据所测阻值，即可判断出各管脚及管子的质量优劣。

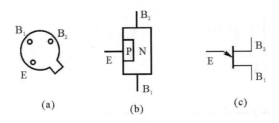

图 2-67 单结晶体管 BT33 管脚排列、结构图及电路符号

(a)管脚排列；(b)结构图；(c)电路符号

图 2-68 所示为晶闸管 3CT3A 管脚排列、结构图及电路符号。晶闸管阳极(A)、阴极(K)及阳极(A)、门极(G)之间的正、反向电阻 R_{AK}，R_{KA}，R_{AG}，R_{GA} 均应很大，而 G，K 之间为一个 PN 结，PN 结正向电阻应较小，反向电阻应很大。

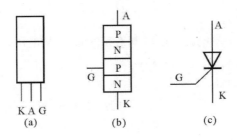

图 2-68 晶闸管 3CT3A 管脚排列、结构图及电路符号

(a)管脚排列；(b)结构图；(c)电路符号

三、实验设备与器件

(1) 实验台。

(2) 万用电表。

(3) 双踪示波器。

(4) 交流毫伏级电压表。

(5) 直流电压表。

(6) 晶闸管 3CT3A。

(7) 结晶体管 BT33。

(8) 二极管 IN4007×4。

(9) 稳压管 IN4735。

(10) 灯泡(12 V/0.1 A)和电容等。

四、实验内容

(1) 按实验要求电路图接好电路，注意电路中电压大小，防止元件的击穿。

（2）用示波器观察整流电压、滤波电压、限幅电压、触发电压的波形，并记录在实验报告中。

（3）用示波器观察调节控制角对可控整流输出电压波形的影响。

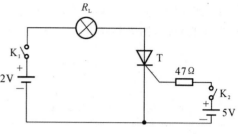

图 2-69　晶闸管导通、关断条件测试

五、实验步骤

1. 晶闸管导通、关断条件测试

断开 ±12 V，±5 V 直流电源，按图 2-69 所示连接实验电路。

（1）晶闸管阳极加 12 V 正向电压，门极加 5 V 正向电压，观察管子是否导通（导通时灯泡亮，关断时灯泡熄灭），管子导通后，去掉 +5 V 门极电压、反接门极电压（接 −5 V），观察管子是否继续导通。

（2）晶闸管导通后，去掉 +12 V 阳极电压，反接阳极电压（接 −12 V），观察管子是否关断，记录之。

2. 晶闸管可控整流电路

按图 2-66 所示连接实验电路。取可调工频电源 14 V 电压作为整流电路输入电压 u_2，电位器 R_W 置于中间位置。

（1）单结晶体管触发电路。

1）断开主电路（把灯泡取下），接通工频电源，测量 u_2 值。用示波器依次观察并记录交流电压 u_2、整流输出电压 u_i（I−0）、削波电压 u_W（W−0）、锯齿波电压 u_E（E−0）、触发输出电压 u_{B1}（B$_1$−0）。记录波形时，注意各波形间对应关系，并标出电压幅度及时间。

2）改变移相电位器 R_W 阻值，观察 u_E 及 u_{B1} 波形的变化及 u_{B1} 的移相范围，记入表 2-39。

表 2-39　晶闸管管脚电压记录表

u_2	u_i	u_W	u_E	u_{B1}	移相范围

（2）可控整流电路。断开工频电源，接入负载灯泡 R_L，再接通工频电源，调节电位器 R_W，使电灯由暗到中等亮，再到最亮，用示波器观察晶闸管两端电压 u_{T1}、负载两端电压 u_L，并测量负载直流电压 U_L 及工频电源电压 U_2 有效值，记入表 2-40。

表 2-40　晶闸管不同状况下测量电压记录表

	暗	较亮	最亮
u_L 波形			
u_T 波形			
导通角 θ			
U_L/V			
U_2/V			

六、实验报告要求

(1) 整理实验数据,分析触发脉冲产生的原因和条件。

(2) 画出实验中记录的波形(注意各波形间对应关系),并进行讨论。

(3) 对实验数据 U_L 与理论计算数据 $U_L = 0.9U_2 \dfrac{1+\cos\alpha}{2}$ 进行比较,并分析产生误差的原因。

(4) 分析实验中出现的异常现象。

七、思考题

(1) 为什么可控整流电路必须保证触发电路与主电路同步? 本实验是如何实现同步的?

(2) 可以采取哪些措施改变触发信号的幅度和移相范围?

第三部分

课程设计

经过基本实验的学习,已经基本掌握了各种半导体器件和具有不同功能单元电路的使用和调试方法,现在应该能够运用这些基本知识,并在单元电路设计的基础上,设计出具有各种用途和一定工程意义的模拟电子线路装置。课程设计就是指根据技术指标的要求,独立进行电路选取、工程估算、实验测试与调整,制作出实际电子产品和写出总结报告的电路综合性设计。

要设计出一些小型甚至中型的模拟电子线路装置,除了应具备相应的理论知识以外,还必须有一个正确的设计方法。那就是既要防止单纯依靠书本死记硬背设计步骤的设计方法,又要防止完全依靠实验拼凑的盲目实践。正确的设计方法要理论联系实际,把定性分析、定量估算和实验调整三者有机地结合起来,要做到理论指导下的实践。

通过本部分电路综合性设计训练,要达到深化所学的理论知识的目的,培养综合运用所学知识的能力,掌握一般电路的分析方法和工程估算方法,增强独立分析与解决问题的能力。并通过这一综合性训练培养学生严肃认真的工作作风和科学态度,为以后从事电子电路设计和研制电子产品打下坚实基础。实践证明,此实践性环节训练,对学生以后的毕业设计和从事电子技术方面的工作将有很大帮助。

通常所说的课程(综合)设计,一般包括拟定性能指标、电路的预设计、实验和修改设计等4个环节。

衡量设计的标准是:工作稳定可靠,能达到所要求的性能指标,并留有适当的裕量;电路简单、成本低、功耗低,所采用元器件的品种少、体积小且货源充足,便于生产、测试和维修等。

课程设计的一般方法

课程设计的一般方法和步骤是:选择总体方案,设计单元电路,选择元器件,计算参数,审图,实验验证(包括修改测试性能),画出总体电路图。

由于电子电路种类繁多,千差万别,设计方法和步骤也因情况不同而各异,因而上述设计步骤需要交叉进行,有时甚至会出现反复。因此,在设计时,应根据实际情况灵活掌握。

一、总体方案的选择

1.选择总体方案的一般过程

设计电路的第一步就是选择总体方案。所谓总体方案是根据所提出的任务、要求及性能指标,用具有一定功能的若干单元电路组成一个整体,来实现各项功能,满足设计题目提出的要求和技术指标。

由于符合要求的总体方案往往不止一个,应当针对任务、要求和条件,查阅有关资料,以广开思路,提出若干不同的方案,然后仔细分析每个方案的可行性和优缺点,加以比较,从中选取合适的方案。在选择过程中,常用框图表示各种方案的基本原理。框图一般不必画得太详细,只要说明基本原理就可以了。

2.选择方案应注意的几个问题

(1)应当针对关系到电路全局的问题,开动脑筋,多提些不同的方案,深入分析比较。有些关键部分,还要提出各种具体电路,根据设计要求进行分析比较,从而找出最优方案。

(2)既要考虑方案的可行性,又要考虑性能、可靠性、成本、功耗和体积等实际问题。

(3)选定一个满意的方案并非易事,在分析论证和设计过程中需要不断改进和完善,出现一些反复是难免的,但应尽量避免方案上的大反复,以免浪费时间和精力。

二、单元电路设计的一般方法和步骤

在确定了总体方案、画出了详细框图之后,便可进行单元电路设计。

(1)根据设计要求和已选定的总体方案的原理框图,确定对各单元电路的设计要求,必要时应详细拟定主要单元电路的性能指标。应特别注意各单元电路之间的相互配合,尽量少用或不用电平转换之类的接口电路,以简化电路结构,降低成本。

(2)拟定出各单元电路的要求后,应全面检查一遍,确实无误后方可按一定顺序分别设计各单元电路。

(3)选择单元电路的结构形式。一般情况下,应查阅有关资料,以拓展知识面,开阔眼界,从而找到合适的电路。如确实找不到性能指标完全满足要求的电路时,也可选用与设计要求比较接近的电路,然后调整电路参数。

三、总电路图的画法

设计好各单元电路以后,应画出总电路图。总电路图是进行实验和印刷电路板设计制作的主要依据,也是进行生产、调试、维修的依据。

四、元器件的选择

从某种意义上讲,电子电路的设计就是选择最合适的元器件,并把它们最好地组合起来。因此,在设计过程中,经常遇到选择元器件的问题,不仅在设计单元电路和总体电路及计算参数时要考虑选哪些元器件合适,而且在提出方案、分析和比较方案的优缺点时,有时也需要考虑用哪些元器件以及它们的性能价格比如何等。怎样选择元器件呢?必须搞清两个问题。第一,根据具体问题和方案,需要哪些元器件,每个元器件应具有哪些功能和性能指标。第二,有哪些元器件实验室有,哪些在市场上能买到,性能如何,价格如何,体积多大。电子元器件种类繁多,新产品不断出现,这就需要经常注意元器件的信息和新动向,多查资料。

1.一般优先选用集成电路

集成电路的应用越来越广泛。它不但减小了电子设备的体积、成本,提高了可靠性,安装、调试比较简单,而且大大简化了设计,使设计变得非常方便。各种模拟集成电路的应用使得放大器、稳压电源和其他一些模拟电路的设计比以前容易得多。

但是,不要以为采用集成电路一定比用分立元件好,有些功能相当简单的电路,只要用一只三极管或二极管就能解决问题,若采用集成电路反而会使电路复杂,成本增加。例如,$5\sim10$ MHz 的正弦信号发生器,用一只高频三极管构成电容三点式 LC 振荡器即可满足要求。若采用集成运放构成同频率的正弦波信号发生器,由于宽频带集成运放价格高,成本必然高。因此,在频率高、电压高、电流大或要求噪声极低等特殊场合,仍需采用分立元件,必要时可画出两种电路图进行比较。

2.怎样选择集成电路

集成电路的品种很多,选用方法一般是"先粗后细",即先根据总体方案考虑应该选用什么功能的集成电路,然后考虑具体性能,最后根据价格等因素选用某种型号的集成电路。例如需要构成一个三角波发生器,既可用函数发生器 8038,也可用集成运放构成。为此,就必须了解 8038 的具体性能和价格。若用集成运放构成三角波发生器,就应了解集成运放的主要指标,选哪种型号符合三角波发生器的要求,以及货源和价格等情况,综合比较后再确定是选用 8038,还是选用集成运放构成的三角波发生器好。

选用集成电路时,除以上所述外,还必须注意以下几点:

(1)应熟悉集成电路的品种和几种典型产品的型号、性能、价格等,以便在设计时能提出较好的方案,较快地设计出单元电路和总电路。

(2)选择集成运放,应尽量选择全国集成电路标准化委员会提出的优选集成电路系列(集成运放)中的产品。

(3)集成电路的常用封装方式有 3 种:扁平式、直立式和双列直插式。为便于安装、更换、调试和维修,一般情况下,应尽可能选用双列直插式集成电路。

3.阻容元件的选择

电阻和电容是两种常用的分立元件,它们的种类很多,性能各异。阻值相同、品种不同的两种电阻或容量相同、品种不同的两种电容在同一电路中的同一位置,可能效果大不一样。此外,价格和体积也可能相差很大。例如图 3-1 所示的反相比例放大电路,当它的输入信号频率为 100 Hz 时,如果 R_1 和 R_F 采用两只 0.1 Ω 的绕线电阻,其效果不如用两只 0.1 Ω 的金属膜电阻的效果好,这是因为绕线电阻一般电感效应较大,且价格贵。又如图 3-2 所示的直流稳压电源中的滤波电容的选择,图中 C_1 起滤波作用,C_3 用于改善电源的动态特性,它们通常采用大容量的铝电解电容,这种电容的电感效应较大,对高次谐波的滤波效果差,通常需要并联一只 0.01~0.1 μF 的高频波滤电容,即图中的 C_2 和 C_4。若选用 0.047 μF 的聚苯乙烯电容作为 C_2 和 C_4,不仅价格贵,体积大,而且效果差,即输出电压的纹波较大,甚至可能产生高频振荡,如用 0.047 μF 的瓷片电容就可克服上述缺点。因此,设计者应当熟悉各种常用电阻和电容的种类、性能和特点,以便根据电路的要求,进行选择。

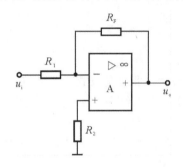

图 3-1 反相比例放大电路

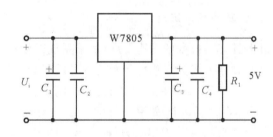

图 3-2 集成稳压电源

五、计算参数

在电子电路的设计过程中,常需计算一些参数。例如在设计积分电路时,不仅要求出电阻值和电容值,而且还要估算出集成运放的开环电压放大倍数、差模输入电阻、转换速率、输入偏置电流、输入失调电压和输入失调电流及温漂,这样才能根据计算结果选择元器件。至于计算参数的具体方法,主要在于正确运用在"模拟电子技术基础"中已经学过的分析方法,搞清电路原理,灵活运用计算公式。对于一般情况,计算参数应注意以下几点:

(1)各元器件的工作电压、电流、频率和功耗等应在允许的范围内,并留有适当裕量,以保证电路在规定的条件下,能正常工作,达到所要求的性能指标。

(2)对于环境温度、交流电网电压等工作条件,计算参数时应按最不利的情况考虑。

(3)当涉及元器件的极限参数(例如整流桥的耐压)时,必须留有足够的裕量,一般按 1.5 倍左右考虑。

(4)电阻值尽可能选在 1 MΩ 范围内,最大一般不应超过 10 MΩ,其数值应在常用电阻标称值系列之内,并根据具体情况正确选择电阻的品种。

(5)非电解电容尽可能在 100 pF~0.1 μF 范围内选择,其数值应在常用电容器标称值系列之内,并根据具体情况正确选择电容的品种。

(6)在保证电路性能的前提下,尽可能设法降低成本,减少器件品种,减小元器件的功耗和体积,为安装调试创造有利条件。

(7)应把计算确定的各参数值标在电路图的恰当位置。

六、审图

因为在设计过程中有些问题难免考虑不周,各种计算可能出现错误,所以在画出总电路图并计算出全部参数值之后,要进行全面审查。审图时应注意以下几点:

(1)先从全局出发,检查总体方案是否合适,有无问题,再检查各单元电路的原理是否正确,电路形式是否合适。

(2)检查各单元电路之间的连接电平、配合等有无问题。

(3)检查电路图中有无烦琐之处,是否可以简化。

(4)根据图中所标出的各元器件的型号、参数等,验算能否达到性能指标,有无合适的裕量。

(5)要特别注意电路图中各元器件是否工作在额定值范围内,以免实验时损坏。

(6)解决所发现的全部问题后,若改动较多,应当复查一遍。

七、计算机模拟仿真

随着计算机技术的飞速发展,电子系统的设计方法也发生了很大的变化。目前,电子设计自动化技术已成为现代电子系统设计的必要手段。在计算机工作平台上,利用电子设计自动化软件,可以对各种电路进行仿真、测试、修改,从而大大地提高了电子设计的效率和精确度,同时节约了设计费用。目前电子电路辅助分析设计的常用软件有 Protus,EWB,Pspice 等。当选用 ispPAC 器件时,PAC-Designer 也有仿真功能。

八、实验验证

设计要考虑的因素和问题相当多,因为电路在计算机上进行模拟时采用元器件的参数和模型与实际器件有差别,所以对经计算机仿真模拟的电路,还要进行实验验证。通过实验可以发现问题、解决问题。若性能指标达不到要求,应该深入分析问题出在哪些元件或者单元电路上,再对它们重新设计和选择,直到完全满足性能指标为止。其验证内容有:

(1)检查各元器件的性能和质量能否满足设计要求。

(2)检查各单元电路的功能和主要指标是否达到设计要求。

(3)检查各个接口电路是否起到应有的作用。

(4)把各单元电路组合起来,检查总体电路的功能,从中发现设计中的问题。

实验验证是课程设计中最重要的一个环节,具体包括以下步骤。

1.电路的组装

在电子技术基础课程设计中,组装电路通常采用焊接和实验箱上插接两种方式。焊接组装可提高学生焊接技术,但器件可重复利用率低。在实验箱上组装,元器件便于插接且电路便于调试,并可提高器件重复利用率。下面介绍在实验箱上用插接方式组装电路的方法。

(1)集成电路的插装。插接集成电路时首先应认清方向,不要倒插,所有集成电路的插入方向保持一致,注意管脚不能弯曲。

(2)元器件的插装。根据电路图的各部分功能确定元器件在实验箱的插接板上的位置,并按信号的流向将元器件顺序地连接,以易于调试。

(3)导线的选用和连接。导线直径应和插接板的插孔直径相一致,过粗会损坏插孔,过细则与插孔接触不良。为检查电路的方便,要根据不同用途,选用不同颜色的导线。一般习惯是正电源用红线,负电源用蓝线,地线用黑线,信号线用其他颜色的线等。

连接用的导线要求紧贴在插接板上,以避免接触不良。连线不允许跨在集成电路上,一般从集成电路周围通过,并且做到横平竖直,这样便于查线和更换器件,但高频电路部分的连线应尽量短。

组装电路时应注意电路之间要共地。正确的组装方法和合理的布局,不但使电路整齐美观,而且能提高电路的工作可靠性,便于检查和排除故障。

2.电路的调试

(1)调试前的直观检查。电路安装完毕,通常不宜急于通电,先要认真检查一下。

1)检查电路连线是否正确,包括错线、少线和多线。

2)检查元器件的安装情况。检查元器件引脚间有无短路,连接处有无接触不良,二极管、三极管、集成电路和电解电容极性是否连接有误等。

3)检查电源供电(包括极性)、信号源连线是否正确;检查直流极性是否正确,信号线是否连接正确。

4)检查电源端对地是否存在短路,通电前,断开一根电源线,用万用表检查电源端对地是否存在短路,检查直流稳压电源对地是否短路。在电路经过上述检查并确认无误后,就可转入调试。

(2)调试方法。调试包括测试和调整两个方面。

所谓电子电路的调试,是以达到电路设计指标为目的而进行的一系列的"测量—判断—调整—再测量"的反复进行过程。

调试方法通常采用先分调后联调(总调)。这种调试方法的核心是:把组成电路的各功能模块(或基本单元电路)先调试好,并在此基础上逐步扩大调试范围,最后完成整机调试。新设计的电路一般采用此方法。

具体调试步骤如下:

1)通电观察。把经过准确测量的电源接入电路,观察有无异常现象,包括有无冒烟,是否有异常气味,手摸元器件是否发烫,电源是否有短路现象等。如果出现异常,应立即切断电源,待排除故障后才能再通电。然后测量各路总电源电压和各器件的引脚的电源电压,以保证元器件正常工作。

通过通电观察,认为电路初步工作正常,就可转入正常调试。

2)静态调试。交流、直流并存是电子电路工作的一个重要特点。一般情况下,直流为交流服务,直流是电路工作的基础。因此,电子电路的调试有静态调试和动态调试之分。静态调试一般是指在没有外加信号的条件下所进行的直流测试和调整过程。

对于运算放大器,静态检查除测量正、负电源是否接上外,主要检查当输入为零时,输出端是否接近零电位,调零电路起不起作用。当运放输出直流电位始终接近正电源电压值或负电源电压值时,说明运放处于阻塞状态,可能是外电路没有接好,也可能是运放已经损坏。如果通过调零电位器不能使输出为零,除了运放内部对称性差外,也可能是运放处于振荡状态,因此实验板直流工作状态的调试,最好接上示波器进行监视。

3)动态调试。动态调试是在静态调试的基础上进行的。调试的方法是在电路的输入端接入适当频率和幅值的信号,并循着信号的流向逐级检测各有关点的波形、参数和性能指标。发现故障现象,应采取不同的方法缩小故障范围,最后设法排除故障。

测试过程中不能凭感觉和印象,要始终借助仪器观察。当使用示波器时,最好把示波器的信号输入方式置于"DC"挡,通过直流耦合方式,可同时观察被测信号的交、直流成分。

通过调试,最后检查功能块和整机的各项指标(如信号的幅值、波形形状、相位关系、增益、输入阻抗和输出阻抗等)是否满足设计要求。如必要,再进一步对电路参数提出合理的修正。

(3)调试中注意以下事项。

1)正确使用测量仪器的接地端。

2)在信号比较弱的输入端,尽可能用屏蔽线连接。

3)测量电压所用仪器的输入阻抗必须远大于被测处的等效阻抗。

4)测量仪器的带宽必须大于被测电路的带宽。

5)要正确选择测量点。

6)测量方法要方便可行。

7)在调试过程中,不仅要认真观察和测量,还要善于记录。

8)调试时出现故障,要认真查找故障原因。

九、检查故障的一般方法

故障是人们不希望出现但又是不可避免的电路异常工作状况。分析、寻找和排除故障是电气工程人员必备的实际技能。

对于一个复杂的系统来说,要在大量的元器件和线路中迅速、准确地找出故障是不容易的。一般故障诊断过程,就是从故障现象出发,通过反复测试,作出分析判断,逐步找出故障的过程。

1.故障现象和产生故障的原因

(1)常见的故障现象。

1)放大电路没有输入信号,而有输出波形。

2)放大电路有输入信号,但没有输出波形,或者波形异常。

3)串联稳压电源无电压输出,或输出电压过高且不能调整,或输出电压性能变坏、输出电压不稳定等。

4)振荡电路不产生振荡。

5)计数器输出波形不稳,或不能正确计数。

6)收音机中出现"嗡嗡"交流声、"啪啪"的汽船声和炒豆声等。

7)发射机中出现频率不稳,或输出功率小甚至无输出,或反射大、作用距离小等。

以上是最常见的一些故障现象,还有很多奇怪的现象,在这里就不一一列举了。

(2)产生故障的原因。

1)对于定型产品使用一段时间后出现故障,故障原因可能是元器件损坏,连线发生短路或断路(如焊点虚焊,插接件接触不良,可变电阻器、电位器、半可变电阻等接触不良,接触面表面镀层氧化等),或使用条件发生变化(如电网电压波动,过冷或过热的工作环境等)影响电子设备的正常运行。

2)对于新设计安装的电路来说,故障原因可能是:实际电路与设计的原理图不符;元件使用不当或损坏;设计的电路本身就存在某些严重缺点,不满足技术要求;连线发生短路或断路等。

3)仪器使用不正确引起的故障,如示波器使用不正确而造成的波形异常或无波形,共地问题处理不当而引入的干扰等。

4)各种干扰引起的故障。

2.检查故障的一般方法

(1)直接观察法。

(2)用万用表检查静态工作点。

(3)信号寻迹法。

(4)对比法。

(5)部件替换法。

(6)旁路法。

(7)短路法。

(8)断路法。

(9)暴露法。

十、课程设计总结报告

编写课程设计的总结报告是对学生写科学论文和科研总结报告的能力训练。通过写总结报告,不仅把设计、组装、调试的内容进行全面总结,而且把实践内容上升到理论高度。总结报告应包括以下几点:

(1)课题名称。

(2)内容摘要。

(3)设计内容及要求。

(4)比较并选定设计的系统方案,画出系统框图。

(5)单元电路设计、参数计算和器件选择。

(6)画出完整的电路图,并说明电路的工作原理。

(7)组装调试的内容。内容包括:使用的主要仪器和仪表,调试电路的方法和技巧,测试的数据和波形并与计算结果比较分析,调试中出现的故障、原因及排除方法。

(8)总结设计电路的特点和方案的优缺点,指出课题的核心及实用价值,提出改进意见和展望。

(9)列出系统需要的元器件清单。

(10)列出参考文献。

(11)收获、体会。

设计一　多波形信号发生器电路的设计(一)

一、任务与要求

设计并制作能产生方波、三角波、正弦波等多种波形信号输出的波形发生器。具体设计要求如下：

(1)输出波形工作频率范围为 0.02 Hz～20 kHz,并且输出波形的频率连续可调。

(2)正弦波幅值为 ±10 V,失真度小于 1.5%。

(3)方波幅值为 ±10 V。

(4)三角波峰峰值为 20 V,输出波形幅值连续可调。

(5)设计电路所需的直流电源。

(6)用分立元件和运放设计的波形发生器要求先用 Pspice 或 EWB 进行电路仿真分析,仿真结果正确后,再进行安装调试。

二、总体方案设计

波形发生器电路可采用不同电路形式和元器件来实现。具体电路可以采用运算放大器和分立元件构成,也可以用单片集成专用芯片设计。

(一)采用运算放大器和分立元件构成

用运算放大器设计波形发生器电路的关键部分是振荡器,而设计振荡电路的关键是选择器件,确定振荡器电路的形式,以及确定元件参数值等。以下思路可作参考。

1.用正弦波振荡器实现多种波形发生器

用正弦波振荡器产生正弦波,正弦波信号通过变换电路(例如用施密特触发器)得到方波输出,再用积分电路将方波变成三角波和锯齿波输出,原理框图如图 3-3 所示。

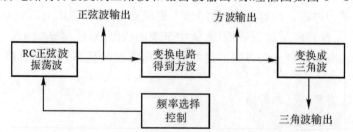

图 3-3　用正弦波振荡器实现多种波形发生器原理框图

用 RC 串-并联正弦波振荡器产生正弦波输出,其主要特点是采用串-并联网络作为选频和反馈网络。它的振荡频率 $f_0=1/(2\pi RC)$,改变 R,C 的数值,可以得到不同频率的正弦波信号。为了使输出电压稳定,必须采用稳幅的措施。

2.用多谐振荡器实现多种波形发生器

利用多谐振荡器产生方波信号输出,用积分电路将方波变换成三角波输出,三角波通过差分放大器产生正弦波。设计差分放大器时,传输特性曲线要对称、线性区要窄,输入的三角波的幅度 U_m 应正好使晶体管接近饱和区或截止区,原理框图如图 3-4 所示。

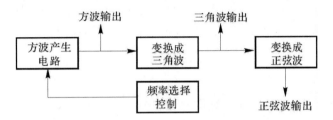

图 3-4　用多谐振荡器实现多种波形发生器

用多谐振荡器产生方波输出,也可使方波经过滤波电路得到正弦波输出;同时,方波经积分电路可得到三角波输出。

(二)用单片函数发生器 5G8038 组成的多功能信号发生器

前面几种方法都是由分立元器件或部分集成器件组成的信号产生电路,随着集成制造技术的不断发展,信号发生器已被制造成专用集成电路。目前用得较多的集成函数发生器是 5G8038。下面对 5G8038 作简单介绍。

1. 5G8038 的工作原理

5G8038 由恒流源 I_1,I_2,电压比较器 C_1,C_2 和触发器等组成。其外部引脚排列和内部原理电路框图分别如图 3-5 和图 3-6 所示。

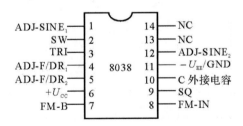

图 3-5　5G8038 外部引脚排列

1—正弦波线性调节;2—正弦波输出;3—三角波输出;4,5—恒流源调节;6—正电源;7—管脚调频偏置电压;
8—调频控制输入端;9—方波输出(集电极开路输出);10—外接电容;11—负电源或接地;
12—正弦波线性调节;13,14—空脚

在图 3-6 中,电压比较器 C_1,C_2 的门限电压分别为 $2U_R/3$ 和 $U_R/3$(其中 $U_R=U_{CC}+U_{EE}$),电流源 I_1 和 I_2 的大小可通过外接电阻调节,且 I_2 必须大于 I_1。当触发器的 Q 端输出为低电平时,它控制开关 S 使电流源 I_2 断开。而电流源 I_1 则向外接电容 C 充电,使电容两端电压 U_C 随时间线性上升,当 U_C 上升到 $U_C = 2U_R/3$ 时,比较器 C_1 输出发生跳变,使触发器输出 Q 端由低电平变为高电平,控制开关 S 使电流源 I_2 接通。由于 $I_2 > I_1$,因此电容 C 放电,U_C 随时间线性下降。当 U_C 下降到 $U_C \leqslant U_R/3$ 时,比较器 C_2 输出发生跳变,使触发器输出端 Q 又由高电平变为低电平,I_2 再次断开,I_1 再次向 C 充电,U_C 又随时间线性上升。如此周而复始,产生振荡。若 $I_2 = 2I_1$,U_C 上升时间与下降时间相等,就产生三角波输出到脚 3。而触发器输出的方波,经缓冲器输出到脚 9。三角波经正弦波变换器变成正弦波后由脚 2 输出。当 $I_1 < I_2 < 2I_1$ 时,U_C 的上升时间与下降时间不相等,管脚 3 输出锯齿波。因此,5G8038 能输出方波、三角波、正弦波和锯齿波等 4 种不同的波形。

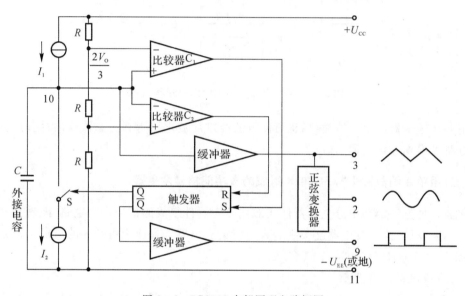

图 3-6　5G8038 内部原理电路框图

2.5G8038 的典型应用

按图 3-7 所示连接电路。管脚 8 为调频电压控制输入端,管脚 7 输出调频偏置电压,其值(指管脚 6 与 7 之间的电压)是 $U_{CC} + U_{EE}/5$,它可作为管脚 8 的输入电压。此外,该器件的方波输出端为集电极开路形式,一般需在正电源与 9 脚之间外接一电阻,其值常选用 10 kΩ 左右。当 R_{P1} 滑动端在中间位置,并且图中管脚 8 与 7 短接时,管脚 9,3 和 2 的输出分别为方波、三角波和正弦波。电路的振荡频率 f 约为 $0.3/[C(R_1 + R_{P1}/2)]$。调节 R_{P1},R_{P2} 可使正弦波的失真达到较理想的程度。

在图 3-7 中,当 R_{P1} 滑动端在中间位置,断开管脚 8 与 7 之间的连线,若在 $+U_{CC}$ 与 $-U_{EE}$ 之间接一电位器,使其滑动端与 8 脚相连,改变正电源 $+U_{CC}$ 与管脚 8 之间的控制电压(即调频电压),则振荡频率随之变化,因此该电路是一个频率可调的函数发生器。如果控制电压按一定规律变化,则可构成扫频式函数发生器。

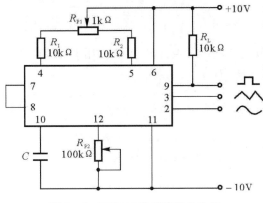

图 3-7 5G8038 接成波形发生器

(三)用 ispPAC 器件实现

运行 PAC-Designer,新建一个 PAC20 原理图,将 PAC 模块按照图 3-8 所示电路接线,设置好相关的参数,然后通过仿真达到要求后,通过下载电缆直接下载到 ispPAC20 器件,ispPAC20就成为一个输出三角波和方波的器件。三角波由 OA2 的输出端 Vout2 输出,方波由 WINDOW 端输出。如图 3-9 所示是它的输出波形图。

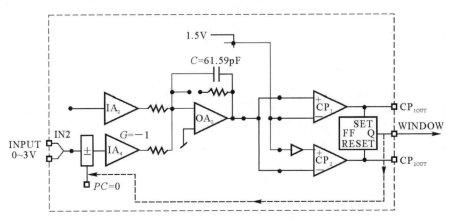

图 3-8 波形发生电路图

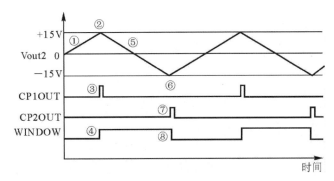

图 3-9 输出波形图

三、计算机模拟仿真

当用分立元件和运放设计波形发生器时,要求先用 EWB 或 Pspice 进行电路仿真分析,仿真结果正确后,再进行安装调试。

四、实际验证

计算机模拟仿真的结果正确后,用 Protel 绘制电路图,制作印刷电路板,最后安装调试。当用 ispPAC 器件时,可以使用学习机验证。

五、课程设计报告

课程设计报告除了前面的要求外,还应包括计算机模拟仿真波形,分析用分立元件和模拟可编程器件的不同之处等。

设计二　数字式温度计电路的设计

一、任务与要求

设计一个数字温度计,具体设计要求如下:
(1)测量温度的范围为 0～150℃。
(2)测量温度的精度为±1℃。
(3)利用七段数码管显示温度。
(4)利用 ispPAC10 器件实现温度的测量。

二、设计思路

(一)数字温度计的原理框图

　　数字温度计的测量温度原理是将温度信号通过温度传感器转换成电压信号,处理后送到电压放大器进行放大,得到的电压信号送入 A/D 转换器进行转换,得到数字信号,将该数字信号通过数字显示器显示出来。数字温度计的原理框图如图 3-10 所示。

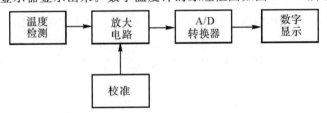

图 3-10　数字温度计的原理框图

(二)温度检测电路及其放大电路

　　温度检测电路是数字温度计的核心部分,它直接影响温度检测的准确与否。温度检测电路的核心是温度传感器。使用传感器的性能一般要求灵敏度高,稳定性好,价格便宜,对温度以外的物理量不敏感,不容易发生化学反应等。可以作温度传感器的材料有很多,下面介绍几种典型的温度传感器。

1.SL616
　　利用集成温度传感器检测温度,其电路框图如图 3-11 所示,温度特性如图 3-12 所示。SL616 的温度系数为 10 mV/℃。

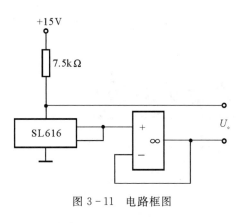

图 3-11 电路框图

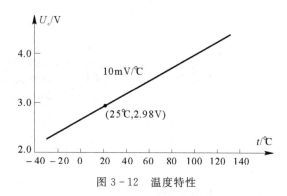

图 3-12 温度特性

2.铜电阻

利用铜电阻作为温度检测元件,检测到的温度信号以电阻阻值的大小反映出来,然后将该电阻值变换为电压信号,经运算放大器构成的放大电路进行信号放大。Cu50 铜电阻温度传感器的参数值如下:

$$R_0 = 50 \ \Omega$$
$$R_t = R_0(1 + \delta t) \ \Omega$$
$$\delta = (4.25 \sim 4.28) \times 10^{-3}$$

R_t 中的电流一般小于 5 mA,否则它会发热,影响测量结果。

3.硅热敏晶体管

使用硅热敏晶体管,当温度发生变化时,热敏晶体管的 BE 结正向的温度系数为 -2 mV/℃,利用这个特性可以测量温度。

4.硅普通二极管

半导体二极管的正向压降将取决于正向电流的大小和温度,当正向电流一定时,正向压降随温度的升高而下降。利用这个特性可以测量温度。对于普通的硅二极管 IN4148 而言,温度系数为 -2.1 mV/℃。与其他温度传感器相比,在低温测量方面,温度传感器具有灵敏度高、线性度好等优点。用二极管构成温度传感器的电路中必须考虑恒流源电路,给测温探头提供稳定的正向电流。

温度传感器还有很多种,例如 LM35 系列中的 LM35DZ,它也是一种广泛使用的温度传感器。它测量精度较高,芯片自身几乎没有散热的问题,无须校准,不过价格也稍高。热电偶也是测量温度参数时最常使用的传感器。AD594/AD595 热电偶放大器是一种将线性和基准点补偿问题集中在一个芯片上解决的热电偶专用放大器。若选用热电偶,则放大器最好选 AD594/AD595。

(三)A/D 转换器

ICL7107 是美国 INTERSIL 公司生产的单片 COMS 双积分型 A/D 转换器,其内部包含有线性放大器、模拟开关、时钟振荡器、七段译码显示驱动器等。

ICL7107 的引脚功能如图 3-13 所示。

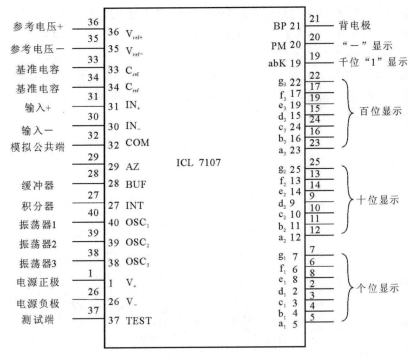

图 3 - 13　ICL7107 的引脚功能

(四)利用在系统可编程器件来实现温度测量

利用 ispPAC10 来实现温度测量的典型参考电路如图 3 - 14 所示。其中温度测量器件用 2N222A 三极管,它的温度系数为 -2.2 mV/℃,通过 PAC Designer 软件配置 PACBlock块,将 ispPAC10 的输出送到 A/D 转换和显示电路。

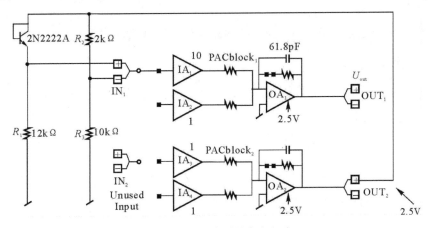

图 3 - 14　温度测量参考电路

图 3 -14 所示利用 2N222A(或者一个普通晶体管)作温度传感器,用一个 PACBlock 的输出 2.5 V 电源作为晶体管的偏置。图中 R_2 和 R_3 组成一分压网络,在基准温度下,R_2 两

端的电压与 U_{BE} 相等。在这个电路中,输出的电压变化是与传感器上因温度变化引起的电压变化成比例的,若要获得更大的增益,则可以将输出接到另一个 PACBlock。

当在一定温度下输出电压没有达到期望值时,就可能产生了偏移。图 3-15 给出了一个增加了软配置的有偏移补偿功能的参考电路。在室温下,输出电压可以配置成任何所需要的值,得到需要的输出电压。R_2 可以进行粗调,R_{3b} 可以进行细调。同样也可以通过改变 PACBlock 的增益实现温度和电压的调整。

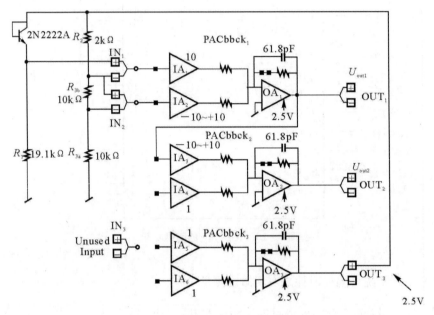

图 3-15　带有偏移补偿的测量电路

(五)显示

显示可以直接采用与 ICL7107 配套的共阳极数码管显示。

三、计算机模拟仿真

用分立元件和运放设计的电路,要求先用 Pspice 或 EWB 进行电路仿真分析,仿真结果正确后,再进行安装调试。

四、实际验证

计算机模拟仿真的结果正确后,用 Protel 绘制电路图,制作印制电路板,最后安装调试。当用 ispPAC 器件时,可以在学习机上验证。

五、课程设计报告

课程设计报告除了前面的要求外,还应包括计算机模拟仿真波形,分析用分立元件和模拟可编程器件的不同之处,比较各种温度检测电路的特点和应用范围。

设计三　电源过压、欠压和过流保护电路的设计

一、任务与要求

设计一个过压、欠压和过流保护电路,具体要求如下:

(1)负载工作电压为直流 5 V,当电源电压波动超过 5% 时,保护电路起作用而切断电源;当电源电压恢复到正常范围时,能自动接通电源。

(2)负载额定电流为 100 mA,当大于 120 mA 时,保护电路起作用而切断电源。

(3)电路具有音响报警功能,当过压、欠压、过流时,分别发出不同的报警声音。

(4)具有数字显示电压、电流的功能。

二、设计思路

(一)电路原理框图

电路原理框图如图 3-16 所示。它由检测电路、音响报警电路、控制电路、A/D 转换及显示电路等组成。

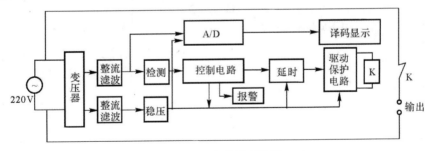

图 3-16　电路原理框图

(二)检测电路

检测电路可以用 3 个集成运放构成 3 个比较器,来完成比较过压、欠压和过流的检测。

(三)音响报警电路

音响报警电路可以用 555 集成电路构成的多谐振荡器组成。

(四)控制电路

控制电路功能:当电网电压正常时,控制电路输出信号使驱动器工作,继电器吸合,电源接通对设备供电。当电网电压不正常时,控制电路输出信号使驱动器停止工作,继电器释放,电网电路断开,停止对设备供电。

(五)A/D 转换及显示电路

A/D 转换及显示电路可以参考"数字温度计"的思路。

(六)利用 ispPAC20 来实现电压监控器

ispPAC20 包括 2 个 PAC 块、1 个 8 位数/模转换器、2 个比较器、二通道选择器、极性控制器、模拟布线池、配置存储器、参考电压二通道选择器、参考电压、自动校正单元、ISP 接口等部件。PAC 块、数/模转换器、比较器使 ispPAC20 成为电压监控器最理想的可编程模拟器件。下面介绍几种典型的参考电路。

1.过压检测

对于电压信号典型的检测方法是,将它接在 ispPAC20 的一个输入脚上,并把 PAC 块放大器的输出接到比较器的输入端。当产生过压或欠压时,比较器能输出相应的控制信号。另外,当故障发生时,它也能用外部逻辑电平来触发。图 3-17 所示为一个典型的过压检测例子。

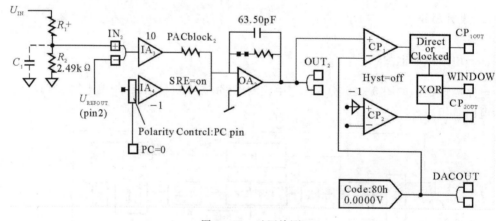

图 3-17　过压检测

2.欠压检测

图 3-18 所示为一典型的欠压检测实例。

3.过压、欠压检测

对于同一个信号来说,如果要同时检测过压和欠压,就要同时使用 CP$_1$ 和 CP$_2$。图 3-19所示为一典型的过压、欠压检测示例。

三、计算机模拟仿真

用分立元件和运放设计的电路,要求先用 Pspice 或 EWB 进行电路仿真分析,仿真结果正确后,再进行安装调试。

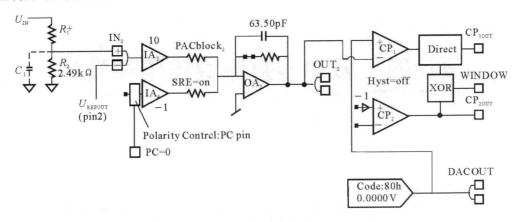

图 3-18 欠压检测

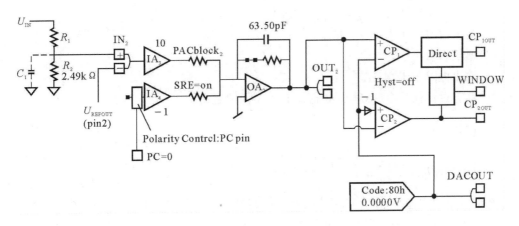

图 3-19 过压、欠压检测

四、实际验证

计算机模拟仿真的结果正确后,用 Protel 绘制电路图,制作印制电路板,最后安装调试。当用 ispPAC 器件时,可以使用学习机验证。

五、课程设计报告

课程设计报告除了前面的要求外,还应包括计算机模拟仿真波形,分析用分立元件和模拟可编程器件的不同之处。

设计四 多功能直流稳压电源设计

一、设计任务和要求

设计一个集成直流稳压电源,具体要求如下:
(1)输出电压为 $-15\sim+15$ V,并且连续可调。
(2)输出电流为 2 A。
(3)输出纹波电压小于 5 mV。
(4)稳压系数小于 5×10^{-3}。
(5)输出内阻小于 0.1 Ω。
(6)具有过流保护电路,输出电流大于 2 A 保护启动。

二、设计思路

(一)工作原理

在电子系统中,经常需要将交流电网电压转换为稳定的直流电压。直流稳压电源的任务是将 220 V,50 Hz 的交流电压转换为幅值稳定的直流电压(例如几伏或几十伏),同时能提供一定的直流电流(比如几安甚至几十安)。直流稳压电源一般由变压电路、整流电路、滤波电路、稳压电路组成。

其中,稳压电路常用串联反馈式稳压电路和开关型稳压电路。小功率系统中多采用前者,而中大功率稳压电源一般采用后者。串联反馈式稳压电路的调整管是工作在线性放大区,利用控制调整管的管压降来调整输出电压的,它是一个带负反馈的闭环有差调节系统;开关稳压电源的调整管是工作在开关状态,利用控制调整管导通与截止时间的比例来稳定输出电压的。它的控制方式有脉宽调制型(PWM)、脉频调制型(PFM)及混合调制型。

目前,电子设备中常使用的集成稳压器有输出电压固定的集成稳压器和三端可调式集成稳压器两种。

1.输出电压固定的集成稳压器

输出电压固定的集成稳压器由于只有输入、输出和公共引出端,故称之为三端式稳压器。这类集成稳压器的外形图如图 3-20 所示。

78××系列输出为正电压,输出电流可达 1 A,如 78L××

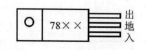

图 3-20 78××系列的外形图

系列和 78M×× 系列的输出电流分别为 0.1 A 和 0.5 A。它们的输出电压分别为 5 V,6 V, 9 V,12 V,15 V,18 V 和 24 V 等 7 挡。和 78×× 系列对应的有 79×× 系列,它的输出为负电压,如 79M12 表示输出电压为 −12 V 和输出电流为 0.5 A。

图 3 − 21 所示是 78L×× 输出固定电压 U_o 的典型应用电路图。当正常工作时,输入、输出电压差应大于 2~3 V。电路中接入电容 C_1,C_2 是用来实现频率补偿的,可防止稳压器产生高频自激振荡并抑制电路引入的高频干扰。C_3 是电解电容,以减小稳压电源输出端由输入电源引入的低频干扰。D 是保护二极管,当输入端意外短路时,给输出电容器 C_3 一个放电通路,防止 C_3 两端电压作用于调整管的 BE 结,造成调整管 BE 结击穿而损坏。

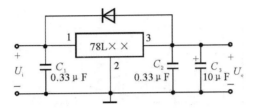

图 3 − 21 78L×× 输出固定电压 U_o 的典型应用电路图

图 3 − 22 所示是扩大 78L×× 输出电流的稳压电路,并具有过流保护功能。电路中加入了功率管 T_1,向输出端提供额外的电流 I_{o1},使输出电流 I_o 增加为 $I_o = I_{o1} + I_{o2}$。其工作原理为:在电路中存在关系式 $U_{BE1} = U_{R1} = U_{CE3}$。正常工作时,$T_2$,$T_3$ 截止,电阻 R_1 上的电流产生压降使 T_1 导通,使输出电流增加。若 I_o 过流(即超过某个限额),则 I_{o1} 也增加,电流检测电阻 R_3 上压降增大使 T_3 导通,导致 T_2 趋于饱和,使 T_1 管基、射极间电压 U_{BE1} 降低,限制了功率管 T_1 的电流 I_{C1},保护功率管不致因过流而损坏。

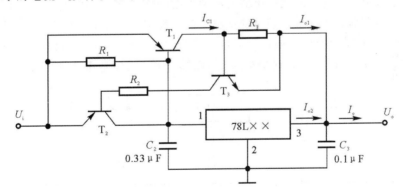

图 3 − 22 扩大 78L×× 输出电流的电路

2.三端可调式集成稳压器

三端可调式集成稳压器的 3 个接线端分别称为输入端 U_i、输出端 U_o 和调整端 adj。

以 LM317 为例,其电路结构和外接元件如图 3 − 23 所示。它的内部电路有比较放大器、偏置电路(图中未画出)、恒流源电路和带隙基准电压 U_{REF} 等,它的公共端改接到输出端,器件本身无接地端。因此消耗的电流都从输出端流出,内部的基准电压(约 1.2 V)接至比较

放大器的同相端和调整端之间。若接上外部的调整电阻 R_1, R_2，则输出电压为

$$U_o = U_{REF} + \left(\frac{U_{REF}}{R_1} + I_{adj}\right) R_2 = U_{REF}\left(1 + \frac{R_2}{R_1}\right) + I_{adj}R_2$$

LM317 的 $U_{REF} = 1.2\ \text{V}, I_{adj} = 50\ \text{mA}$，由于调整端电流 $I_{adj} \ll I_1$，故可以忽略，上式可简化为

$$U_o = U_{REF}\left(1 + \frac{R_2}{R_1}\right)$$

LM337 稳压器是与 LM317 对应的负压三端可调集成稳压器，它的工作原理和电路结构与 LM317 相似。

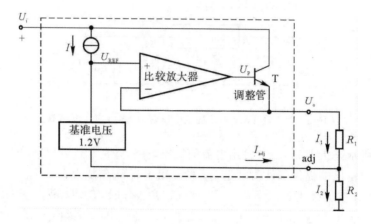

图 3-23　LM317 电路结构和外接元件

图 3-24 所示为三端可调式稳压器的典型应用电路，由 LM117 和 LM137 组成正、负输出电压可调的稳压器。为保证空载情况下输出电压稳定，R_1 和 R_1' 不宜高于 240 Ω，典型值为 120～240 Ω。电路中的 U_{31}（或 U_{21}）$= U_{REF} = 1.2\ \text{V}$，$R_2$ 和 R_2' 的大小根据输出电压调节范围确定。该电路输入电压 U_i 分别为 $\pm 25\ \text{V}$，则输出电压可调范围为 $\pm(1.2 \sim 20)\ \text{V}$。

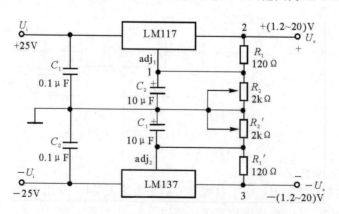

图 3-24　输出正、负电压可调的稳压电路

图 3-25 所示为并联扩流的稳压电路，它是由两个可调式稳压器 LM317 组成的。输入

电压 $U_i = 25$ V,输出电流 $I_o = I_{o1} + I_{o2} = 3$ A,输出电压可调范围为 $1.2 \sim 22$ V。电路中的集成运放 741 是用来平衡两稳压器的输出电流的。例如当 LM317-1 输出电流 I_{o1} 大于 LM317-2 输出电流 I_{o2} 时,电阻 R_1 上的电压降增加,运放的同相端电位 $U_P (= U_i - I_1 R_1)$ 降低,运放输出端电压 U_{Ao} 降低,通过调整端 adj_1 使输出电压 U_o 下降,输出电流 I_{o1} 减小,恢复平衡;反之亦然。改变电阻 R_4 可调节输出电压的数值。

注意:这类稳压器是依靠外接电阻来调节输出电压的,为保证输出电压的精度和稳定性,要选择精度高的电阻,同时电阻要紧靠稳压器,以防止输出电流在连线电阻上产生误差电压。

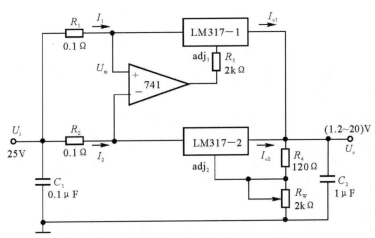

图 3-25 并联扩流的稳压电路

(二) 直流稳压电路的设计

由输出电压、电流确定稳压电路的形式,通过计算极限参数选择所用器件,由电路的最大功耗工作条件确定稳压器、扩流功率管的散热措施。

三、计算机模拟仿真

用分立元件和运放设计的电路,要求先用 Pspice 或 EWB 进行电路仿真分析,仿真结果正确后,再进行下一步。

四、实际实现

用 Protel 绘制电路图,制作印制电路板,最后安装调试。

五、课程设计报告

课程设计报告除了前面的要求外,还应包括指标测试的全过程。

设计五　心电信号放大系统的设计

一、技术指标要求

(1) 信号放大倍数:1 000 倍。

(2) 输入阻抗 > 10 MΩ。

(3) 共模抑制比 $K_{CMR} \geqslant 60$ dB。

(4) 频率响应为 0.05 ～ 100 Hz。

(5) 信噪比 > 40 dB。

二、设计思路

心电波仪器通过传感系统把心脏跳动信号转化为电压信号波形,一般为微伏到毫伏数量级,这时需经信号放大才能驱动测量仪表把波形绘制出来,因此心电波信号放大系统是心电波仪器的主要组成部分。对放大系统的要求为:能有效放大微弱的心电波信号,同时抑制干扰信号。

电路方框图如图 3 - 26 所示,各级模块的功能分别如下:

(1) 差动输入级:放大有用的微弱的心电波(差模)信号,同时抑制零点漂移。

(2) 共模抑制级:放大有用的微弱的心电波(差模)信号,同时抑制无用的共模干扰信号。

(3) 频带放大级:在频率 0.05 ～ 100 Hz 范围内放大信号,滤掉其他频率范围的信号。

图 3 - 26　心电波放大系统方框图

三、设计说明与提示电路

设计说明与提示电路原理可参考图 3 - 27。

差动输入级中电阻 R 用于限流及保护运放,电容 C 用于滤掉高频杂散信号,因电路结构和参数对称,故可抑制零点漂移。差动输入级电压放大倍数为

$$A_1 = -\left(1 + \frac{2R_F}{R_1}\right)$$

共模抑制级放大差模信号、抑制共模信号,该级电压放大倍数为

$$A_2 = -\frac{R_4}{R_2}$$

频带放大级放大差模信号并抑制低频(小于0.05 Hz)、高频(大于100 Hz)干扰信号,该级电压放大倍数为

$$A_3 = 1 + \frac{R_7}{R_8}$$

下限频率

$$f_L = \frac{1}{2}R_6 C_1$$

上限频率

$$f_H = \frac{1}{2}R_7 C_2$$

系统中各级电路放大倍数分别确定为:差动输入级3倍,共模抑制级10倍,频带放大级34倍,故总放大倍数约为1 000。

为保证心电波不饱和失真,以免后级心电信号监测系统工作失误,有必要再增加一级自动增益控制级,其功能为控制场效应管工作在可变电阻区,使漏源阻抗随栅源电压大小而变化,从而改变运放的反馈比,达到控制增益的目的。

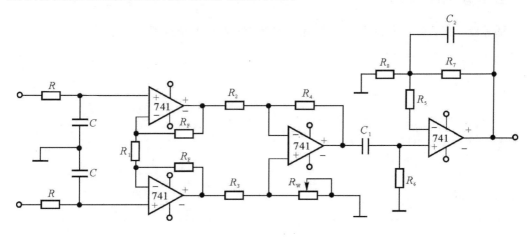

图 3-27　心电波放大电路原理图

四、电路安装与调试技术

(1)线路经检查无误后方可通电。

(2)静态电位检查:输入短路接地,测量各级运放输入和输出端的对地电压均应为零。

(3)信号放大倍数检查:以1 mV,50 Hz的正弦信号模拟心电波信号加到放大器的输入端(信号地端接地),用示波器依次显示各点的波形应为放大后的不失真正弦波形,用交流电压表测量各级的输出电压应分别为1 mV,1.5 mV(双端输出为3 mV),30 mV,1 000 mV。

(4)输入阻抗(R_i)测量:测量电路如图3-28所示,其中

$$R_i = \frac{U_i R_s}{U_s - U_i}, \quad U_i = \frac{U_o}{1\ 000}$$

式中:$U_s=1$ mA;$R_s=1$ MΩ;U_s 和 U_o 都是用交流电压表测量。验证 R_i 是否大于 10 MΩ。

（5）上（下）限频率检查:输入 1 mV,100 Hz(1 mV,0.05 Hz) 的正弦信号到放大器的输入端(信号地端接地),示波器检测的正弦波形不失真,用交流电压表测量末级输出电压应等于 707 mV。

（6）检查共模抑制比 K_{CMR}:两输入端短接对地输入 1 V,50 Hz 的正弦共模信号,用交流电压表测量输出电压信号 U_o,计算共模放大倍数 $A_c=U_o/U_i$。 进一步计算共模抑制比 $K_{CMR}=20\lg(A_d/A_c)$,如果 $A_d>1\,000,A_c<1$,则 $K_{CMR}>60$ dB。

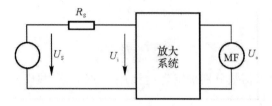

图 3-28　输入阻抗测量图

五、课程设计报告

课程设计报告除了前面的要求外,还应包括指标测试的全过程。

设计六　程控直流稳压电源

一、技术指标要求

输入程控量范围 0~256,输出电压 5~10 V 可调,纹波<10 mV,输出电流为 0.5 A,稳压系数<0.2,直流电源内阻<0.5 Ω,输出直流电压能步进调节,步进值为0.02 V。

二、设计思路

电路参考方框图如图 3 - 29 所示。其中,数/模转换器的作用是将数字量转换为模拟量,输出的模拟值在 0~5 V 范围可调,可用运算放大器设计数/模转换器。稳压调节电路的作用是输出直流内阻小于 0.5 Ω,且范围在 5~10 V 可调的直流电压。电源给各部分电路提供能源。

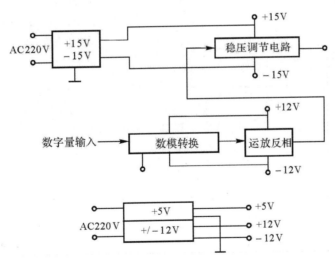

图 3 - 29　程控直流稳压电源参考方框图

三、设计说明和提示

1. ±15 V 电源设计

±15 V 电源电路的原理图如图 3 - 30 所示,图中变压器可选用初级为 220 V、次级为带中心抽头的双 14 V、功率为 3 W 的变压器,7815 和 7915 分别是输出为+15 V 和−15 V 的三端稳压器。为保证稳压器能够正常工作,要求输入电压与输出电压之间有一定的电压差,此电压差一般为 3 ~ 7 V。三端稳压器的输入端接在滤波电路的后面,输出端直接接负载,公共端接地。为了抑制高频干扰并防止电路自激,在它的输入、输出端分别并联电容 C_3,C_4,C_5,C_7。图中 D_1 ~ D_4 为 4 个 IN4007 组成的整流桥,C_1,C_2 为滤波电容,取值为 $C_1 = C_2 = 2\,200\ \mu F$,$C_5 = C_7 = 1\ \mu F$,$C_6 = C_8 = 100\ \mu F$。

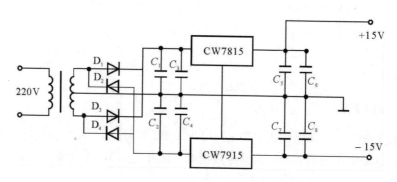

图 3 - 30　±15 V 电源电路原理图

2.稳压调节电路设计

为了满足电源最大输出电流 500 mA 的要求,可调稳压电路选用三端集成稳压器 CW7805 组成,该稳压器的最大输出电流可达 1.5 A,稳压系数、输出电阻、纹波大小等性能指标均能满足设计要求。要使稳压电源能在 5 ~ 15 V 之间调节,可采用如图 3 - 31 所示电路。

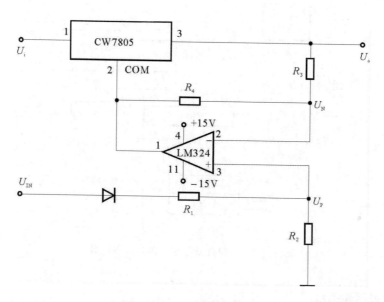

图 3 - 31　可调稳压电路图

设图中运算放大器为理想元件,故 $U_N = U_P$,又因为

$$U_P = \frac{R_2 U_{IN}}{R_1 + R_2}$$

$$U_N = U_o - \frac{5R_3}{R_3 + R_4}$$

所以输出电压满足关系式

$$U_o = \frac{U_{IN} R_2}{R_1 + R_2} + \frac{5R_3}{R_3 + R_4}$$

式中：$R_1 = R_4 = 0$，$R_3 = R_2 = 1$ kΩ，则 $U_o = U_{IN} + 5$。因此，只要数/模输出在 $0 \sim 5$ V 范围变化，则稳压调节输出在 $5 \sim 10$ V 范围变化。

四、课程设计报告

课程设计报告除了前面的要求外，还应包括指标测试的全过程。

设计七　多波形信号发生器电路的设计(二)

一、技术指标要求

(1)要求产生方波、三角波、正弦波。

(2)要求正弦波由三角波产生。

(3)所有波形频率范围分别为 $10\sim100$ Hz,100 Hz~10 kHz。

(4)输出电压:方波输出电压峰峰值 $U_{PP}\leqslant24$ V,三角波 $U_{PP}=6$ V,正弦波 $U_{PP}>1$ V。

(5)波形特性:方波上升时间 $t_r<10$ s(1 kHz,最大输出时)、三角波非线性失真系数 THD $<2\%$,正弦波 THD $<5\%$。

(6)采用运放、差分器件设计完成。

二、设计思路

多波形信号发生器方框图如图3-32所示,设计思路为:先通过比较器产生方波,方波通过积分器产生三角波,三角波通过差分放大器产生正弦波。设计差分放大器时,传输特性曲线要对称、线性区要窄,输入的三角波的幅度 U_m 应正好使晶体管接近饱和区或截止区。

图 3-32　多波形信号发生器方框图

三、设计说明与提示

1.方波-三角波转换电路

参考如图3-33所示电路,其中运算放大器 A_1 和 A_2 使用双运放 $\mu A741$,因为方波的电压幅度接近电源电压,所以取电源电压 $+U_{CC}=+12$ V,$-U_{EE}=-12$ V。比较器 A_1 与积分器 A_2 的元件参数计算如下:

由于 U_{o2} 输出最大值

$$U_{o2m}=\frac{R_2}{R_3+R_{P1}}U_{CC}$$

因此

$$\frac{R_2}{R_3+R_{P1}}=\frac{U_{o2m}}{U_{CC}}=\frac{4}{12}=\frac{1}{3}$$

取 $R_2 = 10\ \text{k}\Omega$，则 $R_3 + R_{P1} = 30\ \text{k}\Omega$，取 $R_3 = 20\ \text{k}\Omega$，R_{P1} 为 $50\ \text{k}\Omega$ 的电位器，平衡电阻 $R_1 = R_2 // (R_3 + R_{P1}) \approx 10\ \text{k}\Omega$。输出波形的频率

$$f = \frac{R_3 + R_{P1}}{4R_2(R_4 + R_{P2})C_2}$$

即

$$R_4 + R_{P2} = \frac{R_3 + R_{P1}}{4R_2 f C_2}$$

当 $1\ \text{Hz} \leqslant f \leqslant 10\ \text{Hz}$ 时，取 $C_2 = 10\ \mu\text{F}$，则 $R_4 + R_{P2} = 75 \sim 7.5\ \text{k}\Omega$，即 $R_4 = 5.1\ \text{k}\Omega$，$R_{P2}$ 为 $100\ \text{k}\Omega$ 的电位器，平衡电阻 $R_5 = 10\ \text{k}\Omega$。

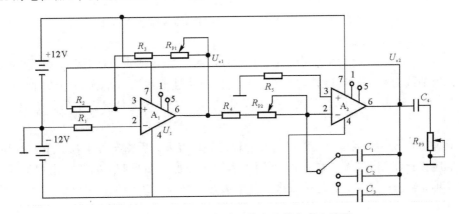

图 3-33　方波-三角波函数发生器参考电路图

2.三角波-正弦波变换器

参考如图 3-34 所示的电路，参数的选择原则是：隔直电容 C_5，C_6 要较大，因为输出频率很低，取 $C_5 = C_6 = 470\ \mu\text{F}$；滤波器电容 C_7 的大小视输出波形而定，若含高次谐波成分较多，C_7 可取值较小，C_7 一般为几十皮法至 $0.1\ \mu\text{F}$，$R_{E2} = 100\ \Omega$ 与 $R_{P4} = 100\ \Omega$ 并联，以减小差分放大器的线性区，差分放大器的静态工作点可通过观测传输特性曲线、调整 R_{P4} 及电阻 R' 确定。

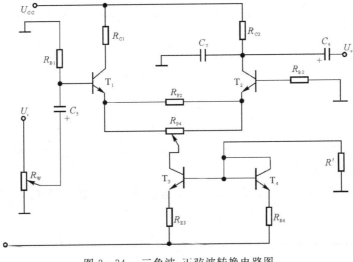

图 3-34　三角波-正弦波转换电路图

四、电路安装与调试技术

三角波-方波-正弦函数发生器电路是由三级单元电路组成的,当装调多级电路时,通常按照单元电路的先后顺序进行分级装调与级联。

1.方波-三角波发生器的装调

由于比较器 A_1 与积分器 A_2 组成正反馈闭环电路,同时输出方波与三角波,故这两个单元电路可以同时安装。需要注意的是,安装电位器 R_{P1} 与 R_{P2} 之前,要先将其调整到设计值,如先使 $R_{P1}=10$ kΩ, R_{P2} 取 $2.5\sim70$ kΩ 内的任一值,否则电路可能会不起振。只要电路接线正确,则通电后 U_{o1} 的输出为方波, U_{o2} 的输出为三角波。微调 R_{P1},使三角波的输出幅度满足设计指标要求,调节 R_{P2},则输出频率在对应波段内连续可变。

2.三角波-正弦波变换电路的装调

经电容 C_5 输入差模信号电压 $U_{id}=50$ mV, $f_i=100$ Hz 的正弦波,调节 R_{P4} 及电阻 R',使传输特性曲线对称。然后逐渐增大 U_{id},直到传输特性曲线形状呈饱和趋势,此时对应的 U_{id} 即 U_{idm} 值。移去信号源,再将 C_5 左端接地,测量差分放大器的静态工作点 I_o, U_{C1}, U_{C2}, U_{C3}, U_{C4}。

将 R_{P3} 与 C_5 连接,调节 R_{P3} 使三角波的输出幅度经 R_{P2} 后输出等于 U_{idm} 值,这时 U_{o3} 的输出波形应接近正弦波,调整 C_7 的大小可改善输出波形。如果 U_{o3} 的波形出现如图 $3-35$ 所示的几种正弦波失真,则应调整和修改电路参数。产生失真的原因及采取的相应措施有如下几种:

(1) 钟形失真。如图 $3-35$(a) 所示,传输特性曲线的线性区太宽,此时应减小 R_{E2}。

(2) 半波圆顶或平顶失真。如图 $3-35$(b) 所示,传输特性曲线对称性差,工作点 Q 偏上或偏下,此时应调整电阻 R'。

(3) 非线性失真。如图 $3-35$(c) 所示,三角波的线性度较差引起的非线性失真,主要受运放性能的影响。可在输出端加滤波网络($C_7=0.1$ μF)改善输出波形。

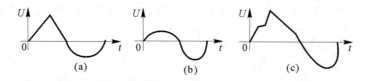

图 $3-35$ 波形失真现象图

3.性能指标测量与误差分析

(1) 方波输出电压 $U_{PP}\leqslant 2U_{CC}$。运放输出级由 PNP 型与 NPN 型两种晶体管组成复合互补对称电路,当输出方波时,两管轮流截止与饱和导通,导通时受输出电阻的影响,使方波输出值小于电源电压值。

(2) 方波的上升时间 t_e 主要受运算放大器转换速率的限制。可接入加速电容,一般取值为几十皮法。

五、选用器材及测量仪表

（1）集成运放（μA741）、三极管 9013、电阻和电容若干。

（2）测量仪表：直流稳压电源、示波器和万用表。

六、课程设计报告

课程设计报告除了前面的要求外，还应包括指标测试的全过程。

附　　录

附录 A　常用电子元器件型号命名法及主要技术参数

一、电阻器和电位器

1.电阻器和电位器的型号命名方法

电阻器和电位器的型号命名方法见附表 A－1。

附表 A－1　电阻器型号命名方法

第一部分:主称		第二部分:材料		第三部分:特征分类			第四部分:序号
符号	意义	符号	意义	符号	意义		第四部分:序号
					电阻器	电位器	
R	电阻器	T	碳膜	1	普通	普通	
W	电位器	H	合成膜	2	普通	普通	
		S	有机实芯	3	超高频	—	
		N	无机实芯	4	高阻	—	
		J	金属膜	5	高温	—	
		Y	氧化膜	6	—	—	对主称、材料相同,仅性能指标、尺寸大小有差别,但基本不影响互换使用的产品,给予同一序号;若性能指标、尺寸大小明显影响互换时,则在序号后面用大写字母作为区别代号
		C	沉积膜	7	精密	精密	
		I	玻璃釉膜	8	高压	特殊函数	
		P	硼碳膜	9	特殊	特殊	
		U	硅碳膜	G	高功率	—	
		X	线绕	T	可调	—	
		M	压敏	W	—	微调	
		G	光敏	D	—	多圈	
		R	热敏	B	温度补偿用	—	
				C	温度测量用	—	
				P	旁热式	—	
				W	稳压式	—	
				Z	正温度系数	—	

示例：

(1)精密金属膜电阻器。

(2)多圈线绕电位器。

2.电阻器的主要技术指标

(1)额定功率。电阻器在电路中长时间连续工作不损坏，或不显著改变其性能所允许消耗的最大功率称为电阻器的额定功率。电阻器的额定功率并不是电阻器在电路中工作时一定要消耗的功率，而是电阻器在电路工作中所允许消耗的最大功率。不同类型的电阻具有不同系列的额定功率，如附表 A-2 所示。

附表 A-2　电阻器的功率等级

名称	额定功率/W					
实芯电阻器	0.25	0.5	1	2	5	—
线绕电阻器	0.5	1	2	6	10	15
	25	35	50	75	100	150
薄膜电阻器	0.025	0.05	0.125	0.25	0.5	1
	2	5	10	25	50	100

(2)标称阻值。阻值是电阻的主要参数之一，不同类型的电阻其阻值范围不同，不同精度的电阻其阻值系列亦不同。根据国家标准，常用的标称电阻值系列如附表 A-3 所示。E24，E12 和 E6 系列也适用于电位器和电容器。

附表 A-3　标称电阻值系列

标称值系列	精度	标称值:电阻器/Ω、电位器/Ω、电容器/pF						
E24	±5%	1.0	1.1	1.2	1.3	1.5	1.6	1.8	2.0
		2.2	2.4	2.7	3.0	3.3	3.6	3.9	4.3
		4.7	5.1	5.6	6.2	6.8	7.5	8.2	9.1
E12	±10%	1.0	1.2	1.5	1.8	2.2	2.7		
		3.3	3.9	4.7	5.6	6.8	8.2	—	—
E6	±20%	1.0	1.5	2.2	3.3	4.7	6.8	8.2	—

注:表中数值再乘以 10^n，其中 n 为正整数或负整数。

(3)精度等级。电阻的各种精度等级如附表 A‒4 所示。

附表 A‒4　电阻的精度等级

允许误差/(%)	±0.001	±0.002	±0.005	±0.01	±0.02	±0.05	±0.1
等级符号	E	X	Y	H	U	W	B
允许误差/(%)	±0.2	±0.5	±1	±2	±5	±10	±20
等级符号	C	D	F	G	J（Ⅰ）	K（Ⅱ）	M（Ⅲ）

3.电阻器的标志内容及方法

(1)文字符号直标法。用阿拉伯数字和文字符号两者有规律地组合来表示标称阻值、额定功率、精度等级等。符号前面的数字表示整数阻值,后面的数字依次表示第一位小数阻值和第二位小数阻值,其文字符号所表示的单位如附表 A‒5 所示。如 1R5 表示 1.5 Ω,2k7 表示2.7 kΩ。

附表 A‒5　电阻器直标法及字符号的意义

文字符号	R	k	M	G	T
表示单位	欧（Ω）	千欧（10^3 Ω）	兆欧（10^6 Ω）	吉欧（10^9 Ω）	太欧（10^{12} Ω）

例如：

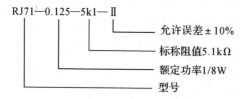

由标号可知,它是精密金属膜电阻器,额定功率为 1/8 W,标称阻值为 5.1 kΩ,允许误差为±10%。

(2)色标法。色标法是将电阻器的类别及主要技术参数的数值用颜色(色环或色点)标注在它的外表面上。色标电阻(色环电阻)器可分为三环、四环、五环 3 种标法。其含义如附图A‒1和附图 A‒2 所示。

三色环电阻器的色环表示标称电阻值(允许误差均为±20%)。例如,色环为棕黑红,表示 $10×10^2 = 1.0$ kΩ±20%的电阻器。

四色环电阻器的色环表示标称值(二位有效数字)及精度。例如,色环为棕绿橙金表示 $15×10^3 = 15$ kΩ±5%的电阻器。

五色环电阻器的色环表示标称值(三位有效数字)及精度。例如,色环为红紫绿黄棕表示 $275×10^4 = 2.75$ MΩ±1%的电阻器。

一般四色环和五色环电阻器表示允许误差的色环的特点是该环离其他环的距离较远。较标准的表示应是表示允许误差的色环的宽度是其他色环的 1.5～2 倍。

有些色环电阻器由于厂家生产不规范,无法用上面的特征判断,这时只能借助万用表判断。

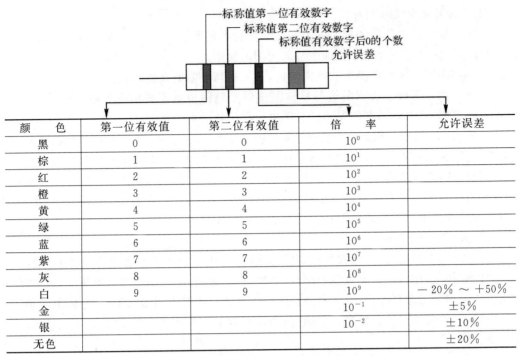

颜　色	第一位有效值	第二位有效值	倍　率	允许误差
黑	0	0	10^0	
棕	1	1	10^1	
红	2	2	10^2	
橙	3	3	10^3	
黄	4	4	10^4	
绿	5	5	10^5	
蓝	6	6	10^6	
紫	7	7	10^7	
灰	8	8	10^8	
白	9	9	10^9	$-20\% \sim +50\%$
金			10^{-1}	$\pm5\%$
银			10^{-2}	$\pm10\%$
无色				$\pm20\%$

附图 A-1　两位有效数字阻值的色环表示法

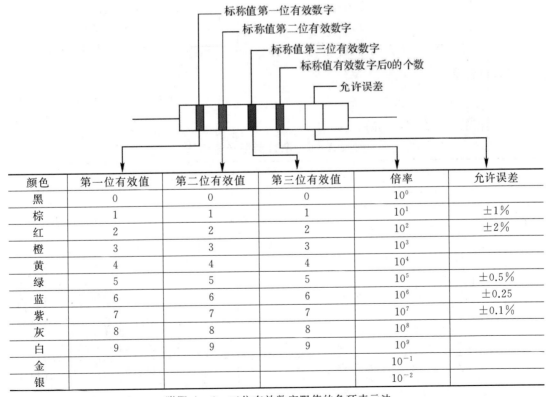

颜色	第一位有效值	第二位有效值	第三位有效值	倍率	允许误差
黑	0	0	0	10^0	
棕	1	1	1	10^1	$\pm1\%$
红	2	2	2	10^2	$\pm2\%$
橙	3	3	3	10^3	
黄	4	4	4	10^4	
绿	5	5	5	10^5	$\pm0.5\%$
蓝	6	6	6	10^6	±0.25
紫	7	7	7	10^7	$\pm0.1\%$
灰	8	8	8	10^8	
白	9	9	9	10^9	
金				10^{-1}	
银				10^{-2}	

附图 A-2　三位有效数字阻值的色环表示法

4.电位器的主要技术指标

(1)额定功率。电位器的两个固定端上允许耗散的最大功率为电位器的额定功率。使用中应注意额定功率不等于中心抽头与固定端的功率。

(2)标称阻值。标在产品上的名义阻值,其系列与电阻的系列类似。

(3)允许误差等级。实测阻值与标称阻值误差范围根据不同精度等级可允许±20%,±10%,±5%,±2%,±1%的误差。精密电位器的精度可达±0.1%。

(4)阻值变化规律。阻值变化规律指阻值随滑动片触点旋转角度(或滑动行程)之间的变化关系,这种变化关系可以是任何函数形式,常用的有直线式、对数式和反转对数式(指数式)。

在使用中,直线式电位器适合于做分压器,反转对数式(指数式)电位器适合于做收音机、录音机、电唱机、电视机中的音量控制器。维修时若找不到同类品,可用直线式代替,但不宜用对数式代替。对数式电位器只适合于做音调控制等。

5.电位器的一般标识方法

电位器参数的标识方法通常采用直接标注法,即用字母和数字直接将有关参数标注在电位器的壳体上,用以表示电位器的型号、类别、标称阻值、额定功率和误差等。电位器的标称阻值的标识方法通常有两种:一种是在外壳上直接标出其电阻最大值,其电阻最小值一般视为零;另一种是用三位有效数字表示,前两位有效数字表示电阻的有效值,第三位数字表示倍率。

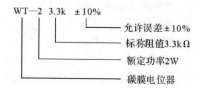

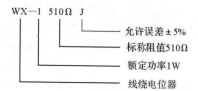

二、电容器

1.电容器型号命名法

电容器的型号命名法见附表 A-6。

附表 A-6 电容器型号命名法

第一部分：主称		第二部分：材料		第三部分：特征、分类						第四部分：序号
符号	意义	符号	意义	符号	意义					
					瓷介	云母	玻璃	电解	其他	
C	电容器	C	瓷介	1	圆片	非密封	—	箔式	非密封	对主称、材料相同,仅尺寸、性能指标略有不同,但基本不影响互换使用的产品,给予同一序号;当尺寸性能指标的差别明显,影响互换使用时,则在序号后面用大写字母作为区别代号
		Y	云母	2	管形	非密封	—	箔式	非密封	
		I	玻璃釉	3	叠片	密封	—	烧结粉固体	密封	
		O	玻璃膜	4	独石	密封	—	烧结粉固体	密封	
		Z	纸介	5	穿心	—	—	—	穿心	
		J	金属化纸	6	支柱	—	—	—	—	

续 表

第一部分：主称		第二部分：材料		第三部分：特征、分类						第四部分：序号
符号	意义	符号	意义	符号	意义					
					瓷介	云母	玻璃	电解	其他	
C	电容器	B	聚苯乙烯	7	—	—	—	无极性	—	对主称、材料相同，仅尺寸、性能指标略有不同，但基本不影响互换使用的产品，给予同一序号；当尺寸性能指标的差别明显，影响互换使用时，则在序号后面用大写字母作为区别代号
		L	涤纶	8	高压	高压	—	—	高压	
		Q	漆膜	9	—	—	—	特殊	特殊	
		S	聚碳酸酯	J	金属膜					
		H	复合介质	W	微调					
		D	铝							
		A	钽							
		N	铌							
		G	合金							
		T	钛							
		E	其他							

示例：

(1)铝电解电容器。

(2)圆片形瓷介电容器。

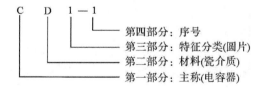

(3)纸介金属膜电容器。

2.电容器的主要技术指标和性能

(1)电容器的耐压:常用固定式电容的直流工作电压系列为 6.3 V,10 V,16 V,25 V,40 V,63 V,100 V,160 V,250 V,400 V。

(2)电容器容许误差等级:常见的有 7 个等级,如附表 A-7 所示。

附表 A-7 电容器容许误差等级

容许误差	±2%	±5%	±10%	±20%	+20% −30%	+50% −20%	+100% −10%
级别	0.2	Ⅰ	Ⅱ	Ⅲ	Ⅳ	Ⅴ	Ⅵ

电容常用字母代表误差:B 为 ±0.1%,C 为 ±0.25%,D 为 ±0.5%,F 为 ±1%,G 为 ±2%,J 为 ±5%,K 为 ±10%,M 为 ±20%,N 为 ±30%,Z 为 +80%−20%。

(3)标称电容量。固定式电容器标称容量系列和容许误差见附表 A-8。

附表 A-8 固定式电容器标称容量系列和容许误差

系列代号	E24	E12	E6
容许误差	±5%(Ⅰ)或(J)	±10%(Ⅱ)或(K)	±20%(Ⅲ)或(m)
标称容量 对应值	10,11,12,13,15,16,18,20,22,24,27,30, 33,36,39,43,47,51,56,62,68,75,82,90	10,12,15,18,22,27,33, 39,47,56,68,82	10,15,22,23,47,68

注:标称电容量为表中数值或表中数值再乘以 10^n,其中 n 为正整数或负整数,单位为 pF。

3.电容器的主要性能

当选用电容器时,除了选定标称容量值及额定工作电压外,还应根据使用条件的不同,如工作于高频或低频、环境温度变化大小不同等选用不同类型的电容器。由于电容器的电介质材料不同,各类电容器的性能指标也相差甚远,下面就电容的一般性能予以介绍。

(1)电容温度系数 α_C。当温度变化 1℃ 时电容量的相应变化率称为电容器的温度系数,即

$$\alpha_C = \frac{1}{C}\frac{dC}{dt}(1/℃)$$

这个参数通常用来表征温度稳定性较好的一类电容器。对一些电容量温度稳定性较差的电容器,如涤纶、纸介、低频瓷介电容器和电解电容器等则用电容量变化的百分率表示。

(2)电容器的绝缘电阻和时间常数。当直流电压 E 加于电容器并产生漏导电流 I_L 时,把 $R = \dfrac{E(V)}{I_L(\mu A)}(MΩ)$ 称为电容器的绝缘电阻。一般小电容器($\ll 0.1\ \mu F$)的绝缘质量用绝缘电阻表示,而大容量($> 0.1\ \mu F$)电容器的绝缘质量则用时间常数表示,定义为电容器的绝缘电阻和其电容量的乘积。电容器的绝缘质量差,即漏电流大时,可能会破坏电路的正常工作状态。

(3)漏电流。因为电解电容器的绝缘性能最差,所以直接用漏电流表示,此漏电流可用万用表欧姆挡测量,测量方法与测电阻类似。不过,万用表的红表笔应接电解电容器的负

极,黑表笔应接其正极,待万用表指针稳定后,电表指示电阻越大,则该电解电容就越小,这个电容器也就越好。

(4)电容器的损耗角正切 $\tan\delta$。它是电容器在交流工作状态时的一个主要指标。$\tan\delta$ 越大,说明工作发热越严重,工作频率过高,可能会导致电容器损坏。CB 型、CY 型、CC 型电容器 $\tan\delta$ 在 10^{-4} 量级范围,而 CZ 型、CT 型、CA 型、CD 型在 10^{-2} 量级范围。

(5)电容器的吸收系数 K_a。电容器的吸收系数 K_a 定义如下:将电容充电到一定电压 E(小于或等于电容器的工作电压)后,短接放电几秒再断开一段时间($1\sim10$ min),电容器二引出线间的剩余电压 U_a 与充电电压 E 之比的百分数即为电容器的吸收系数 K_a。它是表征电容器内部介质吸收特性程度的参数。K_a 值越小越好,CB 型 K_a 最小为 $0.05\sim0.08$,电解电容器的 K_a 值为 $4\sim5$(短时间情况)。

(6)电容器的电感。在交变电场作用下,电容器表现出复杂的阻抗性能。随着使用频率的提高,电感和电阻的影响有时可能会使电容器失去应有的作用,从而使电路不能正常工作。各类型电容器的电感和最高使用频率见附表 A-9。

附表 A-9　各类型电容器的电感量和最高使用频率

电容器类型	电感量/10^3 μH	最高使用频率/MHz
小型模塑云母电容器	$4\sim6$	$150\sim250$
中型模塑云母电容器	$15\sim25$	$75\sim100$
小型圆片瓷介电容器 轴向引出 径向引出	$1\sim15$ $2\sim4$	$2\,000\sim3\,000$ $200\sim500$
小型管形瓷介电容器	$3\sim10$	$150\sim200$
小型纸介和薄膜电容器(圆柱形)	$6\sim11$	$50\sim80$
中型纸介电容器(圆柱形)	$30\sim60$	$5\sim8$
大型纸介电容器	$50\sim100$	$1\sim1.5$

(7)电解电容器的性能。电解电容器有极性标志,使用时必须将其阳性(+)接电源正极,阴极(-)接电源负极,否则漏电流增加,严重时会损坏电容器,甚至引起爆炸。

如需要把电解电容器用于极性经常变换的直流或脉动电路中,可选用双极性(无极性)电解电容器。

钽、铌电解电容器的性能优于铝电解电容器,它漏电流小、寿命长、搁置性能好,储存后可立即投入使用,其温度特性及频率特性也较好。

电解电容器,特别是铝电解电容器,其损耗角正切值大约为 0.2,高频特性不好,频率在 100 kHz 以上的场合一般不宜采用。

当电解电容器工作在既有直流分量又有交流分量的电路中时,要注意以下几点:

(1)电容器所承受的瞬间正向电压,不得超过额定工作电压。

(2)电容器所承受的瞬间反向电压,不得超过允许的反向电压,

(3)当交流分量频率为 50 Hz 时,其交流分量的峰值一般不能超过直流工作电压的 20%,随着频率的升高,允许的纹波电压越来越小。

4.电容器的标识方法

(1)直标法。容量单位:F(法拉)、μF(微法)、nF(纳法)、pF(皮法)。

$$1 \text{ F}=10^6 \text{ }\mu\text{F}=10^9 \text{ nF}=10^{12} \text{ pF}$$

例如:4n7 表示 4.7 nF 或 4 700 pF,0.22 表示 0.22 μF,51 表示 51 pF。

有时用大于 1 的两位以上的数字表示单位为 pF 的电容,例如 101 表示 100 pF;用小于 1 的数字表示单位为 μF 的电容,例如 0.1 表示 0.1 μF。

(2)数码标识法。一般用三位数字来表示容量的大小,单位为 pF。前两位为有效数字,后一位表示位率,即乘以 10^i,i 为第三位数字,若第三位数字为 9,则乘 10^{-1}。如 223J 代表 22×10^3 pF=22 000 pF=0.22 μF,允许误差为 $\pm5\%$;又如 479 K 代表 47×10^{-1} pF,允许误差为 $\pm5\%$ 的电容。这种表示方法最为常见。

(3)色码标识法。这种标识法与电阻器的色环表示法类似,颜色涂于电容器的一端或从顶端向引线排列。色码一般只有 3 种颜色,前两环为有效数字,第三环为位率,单位为 pF。有时色环较宽,如红红橙,两个红色环涂成一个宽的,表示 22 000 pF。

三、电感器

1.电感器的分类

常用的电感器有固定电感器、微调电感器、色码电感器等。变压器、阻流圈、振荡线圈、偏转线圈、天线线圈、中周、继电器以及延迟线和磁头等,都属电感器种类。

2.电感器的主要技术指标

(1)电感量。在没有非线性导磁物质存在的条件下,一个载流线圈的磁通量与线圈中的电流成正比,其比例常数称为自感系数,用 L 表示,简称为电感,即

$$L=\frac{\varphi}{I}$$

式中:φ 表示磁通量;I 表示电流强度。

(2)固有电容。线圈各层、各匝之间,绕组与底板之间都存在着分布电容,统称为电感器的固有电容。

(3)品质因数。电感线圈的品质因数定义为

$$Q=\frac{\omega L}{R}$$

式中:ω 表示工作角频率;L 表示线圈电感量;R 表示线圈的总损耗电阻。

(4)额定电流。额定电流是线圈中允许通过的最大电流。

(5)线圈的损耗电阻。线圈的损耗电阻是线圈的直流损耗电阻。

3.电感器电感量的标识方法

(1)直标法。直标法常用单位有 H(亨)、mH(毫亨)、μH(微亨)。

(2)数码标识法。方法与电容器的标识方法相同。

（3）色码标识法。这种标识法也与电阻器的色标法相似。色码一般有 4 种颜色，前两种颜色表示有效数字；第三种颜色表示倍率，单位为 μH；第四种颜色表示误差位。

附录 B　半导体器件型号命名方法

本标准适用于无线电电子设备所用半导体器件的型号命名。

一、半导体器件型号的组成

半导体器件型号由 5 部分组成，如附图 B-1 所示。

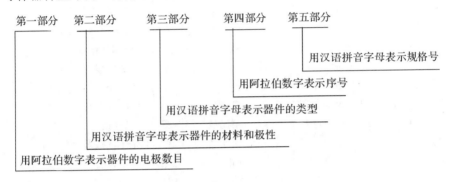

附图 B-1　半导体器件型号的组成

注：场效应器件、半导体特殊器件、复合管、PIN 型管、激光器件的型号命名只有第三、四、五部分。

示例 1：锗 PNP 型高频小功率三极管

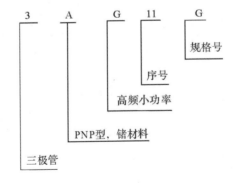

示例 2：场效应器件

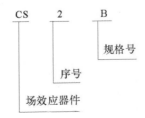

二、型号组成部分的符号及其意义

晶体管标识符号及意义见附表 B-1。

附表 B-1　晶体管标识符号及意义

第一部分		第二部分		第三部分				第四部分	第五部分
用数字表示器件的电极数目		用汉语拼音字母表示器件的材料和极性		用汉语拼音字母表示器件的类型				用数字表示器件的序号	用汉语拼音字母表示规格号
序号	意义	符号	意义	符号	意义	符号	意义		
2	二极管	A	N 型锗材料	P	普通管	D	低频大功率管		
3	三极管	B	P 型锗材料	V	微波管	A	高频大功率管		
		C	N 型硅材料	W	稳压管	T	半导体闸流管		
		D	P 型硅材料	G	参量管	Y	体效应器件		
		A	PNP 型锗材料	Z	整流器	B	雪崩管		
		B	NPN 型锗材料	L	整流管	J	阶跃恢复管		
		C	PNP 型硅材料	S	隧道管	CS	场效应管		
		D	NPN 型硅材料	N	阻尼管	BT	半导体特殊器件		
		E	化合物材料	U	光电器件	FH	复合管		
				K	低频小功率管	PIN	PIN 型管		
				G	高频小功率管	JG	激光器件		

参 考 文 献

[1] 曹晖,钟化兰.模拟电子技术实验[M].成都:西南交通大学出版社,2021.

[2] 周淑阁.模拟电子技术实验教程[M].南京:东南大学出版社,2008.

[3] 唐明良,张红梅,周冬芹.模拟电子技术仿真、实验与课程设计[M].重庆:重庆大学出版社,2016.

[4] 于卫.模拟电子技术实验及综合实训教程[M].武汉:华中科技大学出版社,2008.

[5] 郑宽磊.模拟电子技术实验与课程设计[M].北京:电子工业出版社,2020.

[6] 龚晶.模拟电子电路实践教程[M].北京:电子工业出版社,2020.

[7] 刘舜奎,李琳,刘恺之.电子线路实验[M].北京:电子工业出版社,2022.

[8] 吴亚琼.电子技术实验(模拟部分)[M].北京:化学工业出版社,2021.

[9] 王贞.模拟电子技术实验教程[M].北京:机械工业出版社,2018.